DK 669.184.1.094.5

FORSCHUNGSBERICHTE
DES WIRTSCHAFTS- UND VERKEHRSMINISTERIUMS
NORDRHEIN-WESTFALEN

Herausgegeben von Staatssekretär Prof. Dr. h. c. Leo Brandt

Nr. 461

Prof. Dr.-Ing. habil. Eugen Piwowarski †
Prof. Dr.-Ing. Wilhelm Patterson
Dipl.-Ing. Friedrich Wilhelm Iske

Gießerei-Institut der Technischen Hochschule Aachen

Verbesserung der Zähigkeitseigenschaften
von Bessemer-Stahlguß

Als Manuskript gedruckt

SPRINGER FACHMEDIEN WIESBADEN GMBH

1957

ISBN 978-3-663-03866-5   ISBN 978-3-663-05055-1 (eBook)
DOI 10.1007/978-3-663-05055-1

Forschungsberichte des Wirtschafts- und Verkehrsministeriums Nordrhein-Westfalen

G l i e d e r u n g

Einleitung	S. 5
Versuchseinteilung	S. 8
1. Entschwefelung und Desoxydation des erschmolzenen Stahls	S. 9
a) Behandlung von Elektro-Stahl mit Magnesium-Vorlegierungen	S. 9
b) Behandlung von fertig verblasenem Bessemer-Stahl mit Reinmagnesium	S. 18
2. Entschwefelung des zu verblasenden Rinneneisens mit Magnesium-Vorlegierungen	S. 25
3. Entschwefelung mit Magnesium-Vorlegierungen während des Blasens	S. 32
4. Entschwefelung mit Vorlegierungen vor und nach dem Blasen	S. 34
Zusammenfassung	S. 38
Literaturverzeichnis	S. 41

Forschungsberichte des Wirtschafts- und Verkehrsministeriums Nordrhein-Westfalen

Einleitung

Im Rahmen der konventionellen Herstellungsverfahren für Stahlguß nimmt das Bessemer Verfahren bei einem Anteil von rund 20 % an der Gesamtstahlgußerzeugung eine besondere Stellung ein. Die niedrigen Investitionskosten für eine Bessemer-Anlage und die Möglichkeit, kleine Stahlmengen mit hinreichender Wirtschaftlichkeit zu erzeugen, machen den Bessemer Stahlguß zu einem verhältnismäßig billigen Werkstoff. Als Vorschmelzaggregat dient in der Regel der Kupolofen.

Hinsichtlich der machanischen Eigenschaften ist der in der Bessemer Birne erschmolzene Stahl den anderen Stahlgußsorten unterlegen, weshalb er bevorzugt für die Herstellung von Gußstücken geringer statischer und dynamischer Beanspruchung verwendet wird.

Aus Abbildung 1 ist zu entnehmen, daß, abgesehen von einer konjunkturbedingten Schwankung in der Gesamtstahlgußerzeugung, der Anteil an Bessemer-Stahl in den letzten Jahren zugunsten der Elektrostahlerzeugung zurückgegangen ist (1).

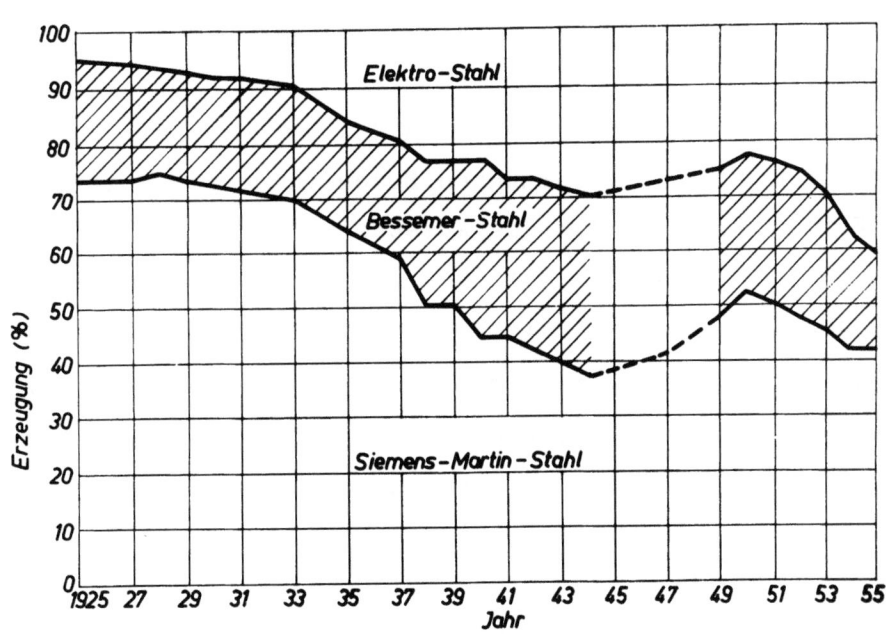

Abbildung 1

Prozentuale Aufteilung der Stahlerzeugung nach Schmelzverfahren

Durch die Konstruktion neuzeitlicher Ofentypen (Netzfrequenz-Induktions-Tiegelöfen) ist die Stahlerzeugung im Elektroofen wirtschaftlicher und demnach der Preisunterschied zwischen Elektrostahl und Bessemer-Stahl geringer geworden. Außerdem sind die vom Verbraucher gestellten Anforderungen an die Qualität des Gußmaterials gestiegen, so daß der Bessemer-Stahl den heutigen Ansprüchen vielfach nicht mehr genügt.

Die vorliegende Arbeit beschäftigt sich mit der Frage, inwieweit es möglich ist, die infolge ungenügender Desoxydation und Entschwefelung bedingten schlechten Zähigkeitseigenschaften des Bessemer-Stahls durch eine Badbehandlung mit entschwefelnden und desoxydierenden Zusätzen zu verbessern.

Die schädliche Wirkung des Schwefels ist hauptsächlich auf verstärkte Seigerungserscheinungen im Gußstück zurückzuführen, wodurch die Warmrissigkeit des Materials erhöht und das Auftreten von harten Stellen im Gußgefüge verursacht und die Kerbschlagzähigkeit herabgesetzt wird.

Bisherige Untersuchungen über den Einfluß des Schwefels im Stahl haben sich vorwiegend mit dem Verhalten bei hohen Temperaturen befaßt. Dabei wurde festgestellt (2), daß sich das Eisensulfid in Form von netzartigen Umhüllungen um die einzelnen Körner legt. Eisen und Eisensulfid bilden ein niedrig schmelzendes Eutektikum, dessen Schmelzpunkt bei Anwesenheit von Eisenoxydul (FeO) herabgesetzt wird. Im Temperaturbereich von 800 - $1000°$ wird der Zusammenhalt der einzelnen Körner gelockert und es kommt zu der bei der Warmverformung bekannten Erscheinung des Rotbruchs (3). Es liegt die Vermutung nahe, daß die Ausscheidungen auf den Korngrenzen die Inhomogenität des Gefüges verstärken und die Festigkeitseigenschaften und Zähigkeit des Materials bei niedrigen Temperaturen beeinflussen.

Um ein Material mit niedrigem Schwefelgehalt zu erschmelzen, geht man entweder von Rohstoffen aus, die wenig oder überhaupt keinen Schwefel enthalten, oder strebt während des Schmelzprozesses eine Entschwefelung an. Im allgemeinen wird nach der letzteren Möglichkeit verfahren und am Ende des Schmelzprozesses eine Entschwefelung mit Hilfe einer FeO-freien, stark basischen bzw. karbidischen Schlacke durchgeführt. Die saure Auskleidung und die für eine Schlackenbehandlung ungünstige Form der Bessemer Birne erlauben einen derartigen Entschwefelungprozeß nicht. Eine Entschwefelung kann daher nur außerhalb des Konverters vor oder nach dem Frischvorgang durch raktionsfreudige Entschwefelungsmittel erfolgen, von denen Soda das bekannteste und zugleich gebräuchlichste ist. Daneben können auch metallische Entschwefelungsmittel zur Anwendung kommen, wenn die Affinität des Schwefels zu diesen Metallen größer ist als zum Eisen. Als Anhalt für die Affinität ist die jeweilige Bildungswärme anzusehen (Tab. 1).

Tabelle 1

Bildungswärmen einiger Oxyde

Reaktion	Bildungswärme ΔH (kcal/Mol)
Mg + S = MgS	-84250 ± 250
Mn + S = MnS	-48750 ± 1000
Fe + S = FeS	-21760 ± 1000

Die hohe Bildungswärme des MgS läßt Magnesium als Entschwefelungsmittel verwendbar erscheinen. Ebenso hat Magnesium eine starke Affinität zum Sauerstoff:

$$Mg + 1/2\ O_2 = MgO - 145900\ kcal/Mol.$$

Demnach ist bei einer Schmelzbehandlung mit Magnesium zuerst eine Desoxydation und dann eine Entschwefelung zu erwarten. Diese Überlegungen decken sich auch mit den bei der Herstellung von Gußeisen mit Kugelgraphit gemachten Erfahrungen, wonach neben einer Verringerung des Sauerstoffpartialdruckes in der Schmelze eine Entschwefelung bis auf einige Tausendstel Prozent eintritt.

Im Temperaturbereich der Stahlerschmelzung beträgt der Dampfdruck von Reinmagnesium mehr als 10 at. wodurch die Verwendung von Magnesium als Entschwefelungsmittel stark erschwert wird (Abb. 2). Der Dampfdruck des Magnesiums in der Schmelze kann jedoch nach dem RAOULTschen Gesetz herabgesetzt werden, wenn das Magnesium in Form von Legierungen zugesetzt wird. Unter Zugrundelegung der Temperaturverhältnisse für die Herstellung von Gußeisen mit Kugelgraphit beträgt nach C.K. DONOHO (4) der Abbrand bei Verwendung von Reinmagnesium 95 % und bei einer Magnesium-Nickel-Legierung der Zusammensetzung 10 % Mg und 90 % Ni nach J.E. REHDER (5) nur noch 40 %. Die zur Entschwefelung erforderliche Magnesiummenge ist stöchiometrisch zu berechnen und zwar entfällt auf 0,1% Schwefel 0,075% Magnesium.

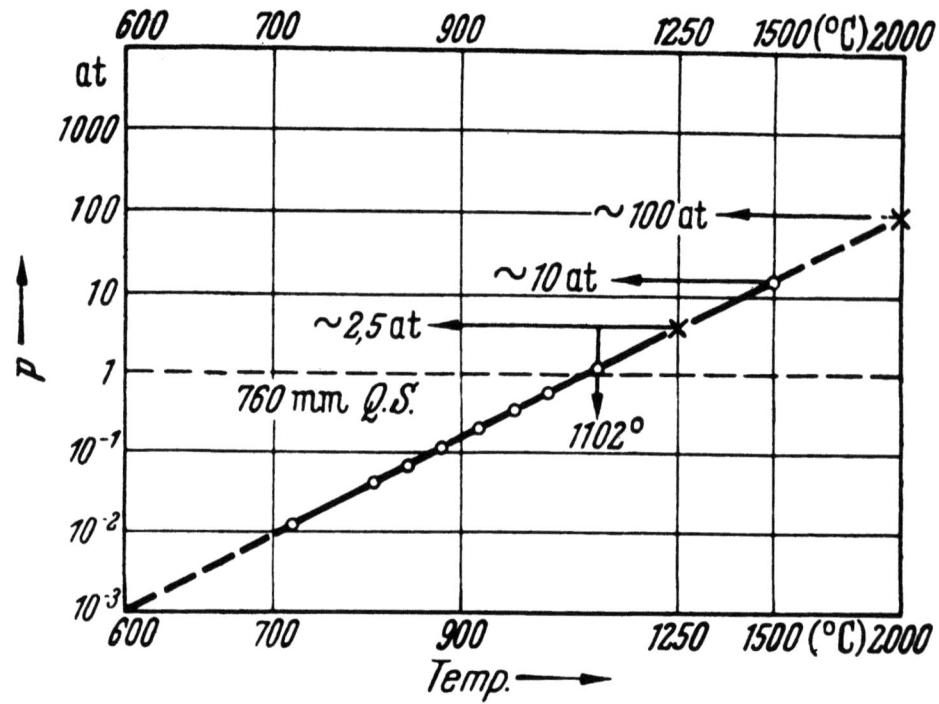

Abbildung 2

Abhängigkeit des Dampfdruckes von Rein-Magnesium von der Temperatur (EUCKEN, HARKMANN und SCHNEIDER)

E. PIWOWARSKY (6) gibt eine Formel an, nach der in den USA die zur Erzeugung von Kugelgraphit erforderliche Magnesiummenge ermittelt wird und die für die Vorlegierung MgNi (10 : 90) Gültigkeit hat:

Menge der Vorlegierung = 0,15 % Mg + 1,5 · S % des Rinneneisens.

Versuchseinteilung

Diese für die Herstellung von Gußeisen mit Kugelgraphit abgeleiteten Beziehungen haben in ihrer Anwendung für Stahl nur bedingte Gültigkeit. Durch die um 250 - 300° höher liegenden Behandlungstemperaturen gestaltet sich das Einbringen von Magnesium in die Schmelze schwieriger und gefahrvoller als beim Gußeisen. Als Folge der durch die Temperaturerhöhung bedingten Zunahme des Magnesiumsdampfdruckes sinkt der Ausnutzungsgrad für Magnesium; zudem muß bei einer Behandlung in der offenen Pfanne mit gefährlichen Auswürfen gerechnet werden. In der vorliegenden Arbeit wurde daher so vorgegangen, daß das Magnesium zunächst in Form von Vorlegierungen in die Schmelze eingebracht und der Einfluß der in der Vorlegierung enthaltenen Legierungselemente auf die Eigenschaftsänderungen des Stahls untersucht wurde. Im Anschluß daran erfolgte in einer weiteren Versuchsreihe mit Hilfe einer Vorrichtung die Schmelzbehandlung von fertig verblasenem Bessemer Stahl mit Reinmagnesium; schließlich wurde vor, während und nach dem Blasprozeß eine Behandlung mit verschiedenen Magnesiumlegierungen vorgenommen.

Versuchsprogramm:

1. Entschwefelung und Desoxydation des erschmolzenen Stahls

   a) mit verschiedenen Magnesium-Vorlegierung,
   b) mit Reinmagnesium

2. Entschwefelung des zu verblasenden Rinneneisens mit Magnesium-Vorlegierungen

3. Entschwefelung während des Blasens mit Magnesium-Vorlegierungen

4. Entschwefelung mit Vorlegierungen vor und nach dem Blasen

1. Entschwefelung und Desoxydation des erschmolzenen Stahls

a) Behandlung von Elektrostahl mit Magnesium-Vorlegierungen

In einer Diplomarbeit des Aachener Gießerei-Instituts wurde von W. STAUFFER und E. STÄHLIN zunächst die Möglichkeit einer wirksamen Entschwefelung und Desoxydation mit Mg an Elektrostahlabstichen von 10 - 20 kg untersucht (7). Folgende Punkte fanden besondere Beachtung:

> Verhalten der verschiedenen Vorlegierungen;
> Reaktionsablauf bzw. Ermittlung der Einlegierungsverhältnisse;
> Bestimmung des Magnesiumabbrandes;
> Entschwefelung des Stahls in Abhängigkeit
> von der zugegebenen Magnesiummenge;
> Wirkung einer Magnesiumbehandlung auf eine
> nicht desoxydierte Charge.

Die Ergebnisse dieser Vorversuche zeigten, daß sich die Vorlegierung Mg-Ni am besten für eine erfolgreiche Magnesiumbehandlung eignet. Gefährliche Auswürfe traten nicht auf.

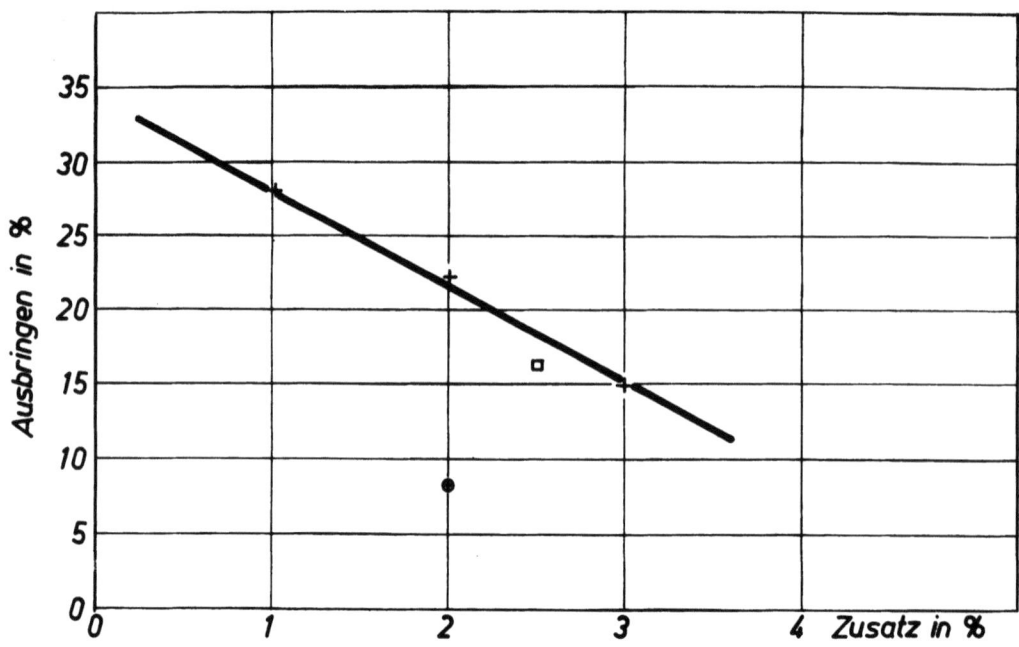

Abbildung 3
Ausbringen als Funktion des Magnesiumzusatzes
+ Mg-Ni-Leg. 15 : 85
● Mg-Cu-Leg. 20 : 80
□ Mg-Cu-Leg. 15 : 85

Aus Abbildung 3 ist zu entnehmen, daß der Magnesiumabbrand mit steigendem Magnesiumzusatz zunahm. Von Bedeutung ist ferner die Stückgröße der Vorlegierung, die der Menge des zu behandelnden Stahls anzupassen ist. Bei Chargen über 500 kg gibt man die Vorlegierung zweckmäßig in Form faustgroßer Stücke zu, bei kleineren Stahlmengen verwendet man haselnußgroße Stücke. Die Magnesium-Kupfer-Legierung zeigte bei der Behandlung des Stahls manche Nachteile. Der Abbrand liegt hier höher und bewirkt bei verhältnismäßig niedrigen Magnesiumgehalten hohe Kupfergehalte im Stahl. Zudem treten gefährliche Auswürfe auf, die besondere Vorsichtsmaßnahmen, wie Abdecken der Pfanne, erforderlich machen. Die Versuche mit diesen kleinen Stahlmengen ließen eine quantitative Aussage über den Grad der Entschwefelung in Abhängigkeit von der Magnesiumzugabe nicht zu. Die Genauigkeit der Ergebnisse wurde zudem durch die ungünstigen Versuchsbedingungen beeinträchtigt. Die kleinen Stahlmengen von 10 - 20 kg kühlten bei der Behandlung zu schnell ab, so daß in den meisten Fällen die Zeit nicht ausreichte, die Magnesiumlegierungen ausreagieren zu lassen. Bei längeren

Behandlungs- und Abstehzeiten war daher bei gleichen Zugabemengen eine bessere Entschwefelung zu erwarten. Tabelle 2 zeigt einige Ergebnisse der Entschwefelungsversuche an Abstichen von 10 - 20 kg Gewicht.

Tabelle 2

Entschwefelung von Stahl mit Magnesiumlegierungen

Probe	Analyse	Mg-Zusatz %	Mg-Vorlegierg.(%)	Mg im Stahl %	S v.d.Behandlung %	S. n.d. Behandl. %
3	0,10 C, 0,21 Si 0,48 Mn	0,155	1 Mg-Ni (15:85)	0,042	0,02	0,02
4	wie 3	0,302	2 Mg-Ni	0,061	0,02	0,018
5	Wie 3	0,44	3 Mg-Ni	0,068	0,02	0,012
18	0,10 C, 0,18 Si 0,45 Mn		Mg-Cu-Al	0,06	0,025	0,012
23	0,19 C, 0,40 Si 0,45 Mn	0,88	6 Mg-Ni	0,08	0,026	0,007
26	wie 23	0,74	5 Mg-Ni	0,08	0,026	0,007

Aus den Ergebnissen ist zu ersehen, daß Magnesium im Stahl eine entschwefelnde Wirkung ausübt. Der niedrigste Schwefelgehalt, der in den Vorversuchen erzielt wurde, betrug 0,007 % bei einem Magnesiumgehalt von 0,08 % im Stahl. In Abbildung 4 sind in Abhängigkeit von der Magnesiummenge die im Stahl zu erzielenden Schwefelgehalte wiedergegeben. Das große Streugebiet ist auf die ungenaue spektrographische Bestimmung der Magnesiumgehalte und auf die ungünstigen Versuchsbedingungen zurückzuführen, die ein Ausreagieren und Abstehenlassen der behandelten kleinen Stahlmengen infolge starker Temperaturverluste nicht gestatteten.

Die Magnesiumbehandlung einer abgebrochenen Charge zeigte keine befriedigenden Ergebnisse; offensichtlich war durch Magnesium allein keine genügende Desoxydation herbeizuführen. Selbst nach vorhergehendem Aluminiumzusatz waren die Gußstücke mit vielen Poren durchsetzt.

Nach diesen Vorversuchen wurden drei Versuche mit je 1100 kg Elektrostahl durchgeführt, wobei sich das Hauptaugenmerk auf den Grad der Entschwefelung und die Änderung der mechanischen Eigenschaften in Abhängigkeit vom Magnesiumzusatz richtete.

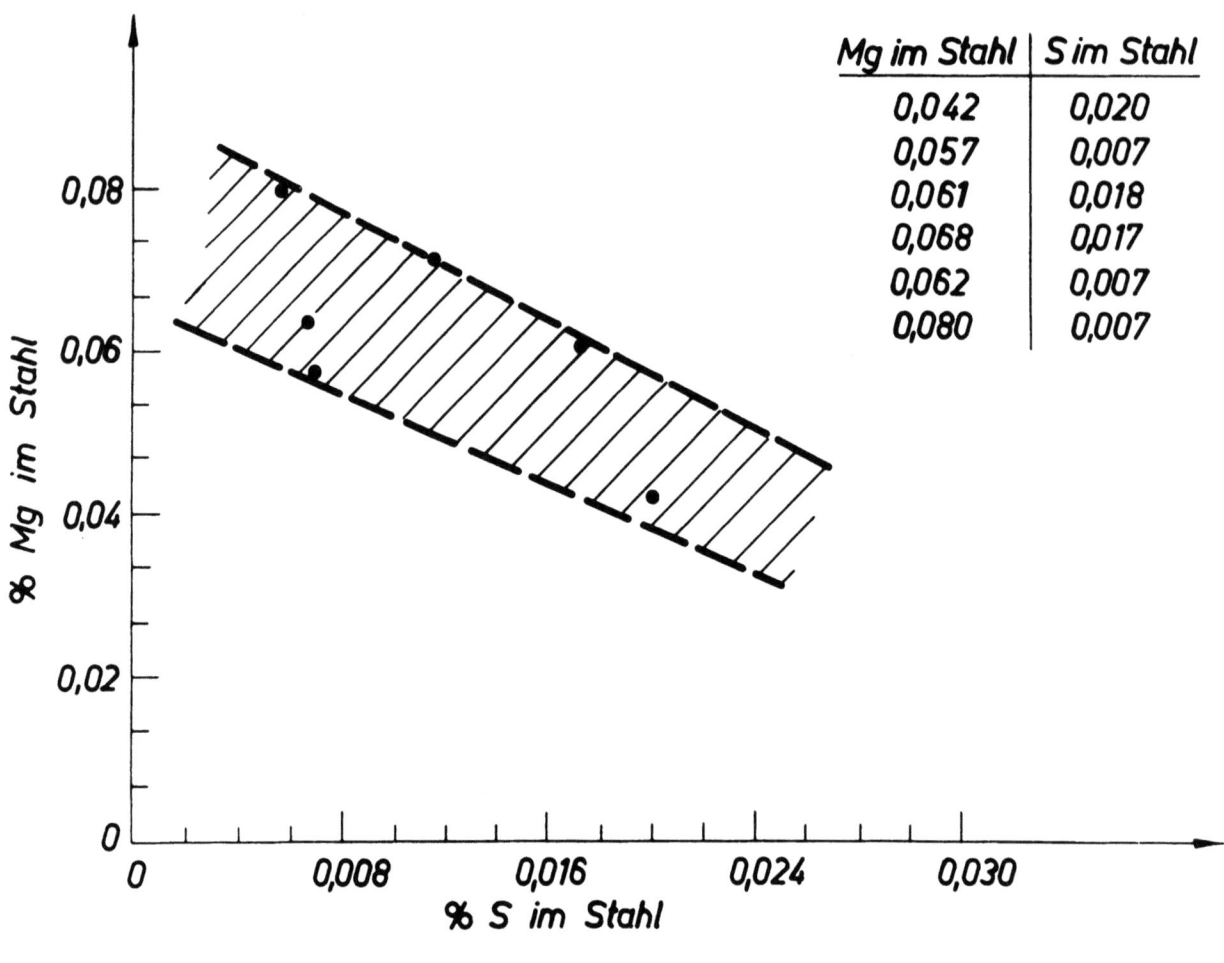

Abbildung 4

Schwefelgehalt in Abhängigkeit vom Magnesiumgehalt im Stahl

Es wurden drei Probekörper nach Abbildung 5 abgegossen:

Absicht A: Weicher Flußstahl, mit 2,5 % Mg-Ni (15 : 85) in der Pfanne behandelt.

Abstich B: Weicher Flußstahl derselben Ofencharge mit 2 % Ni in der Pfanne legiert.

Abstich C: Weicher Flußstahl derselben Ofencharge ohne Zusätze vergossen.

Durch Vergleich des Materials B und C mit A sollte der Einfluß einer Magnesiumbehandlung auf die Eigenschaftsänderungen in chemischer und mechanischer Hinsicht untersucht werden. Probekreuz B wurde vergossen, weil ein Vergleich zwischen A und C kein eindeutiges Bild von der Magnesiumwirkung ergeben hätte, da gleichzeitig mit dem Mg annähernd 2 % Ni in den Stahl eingebracht wurden.

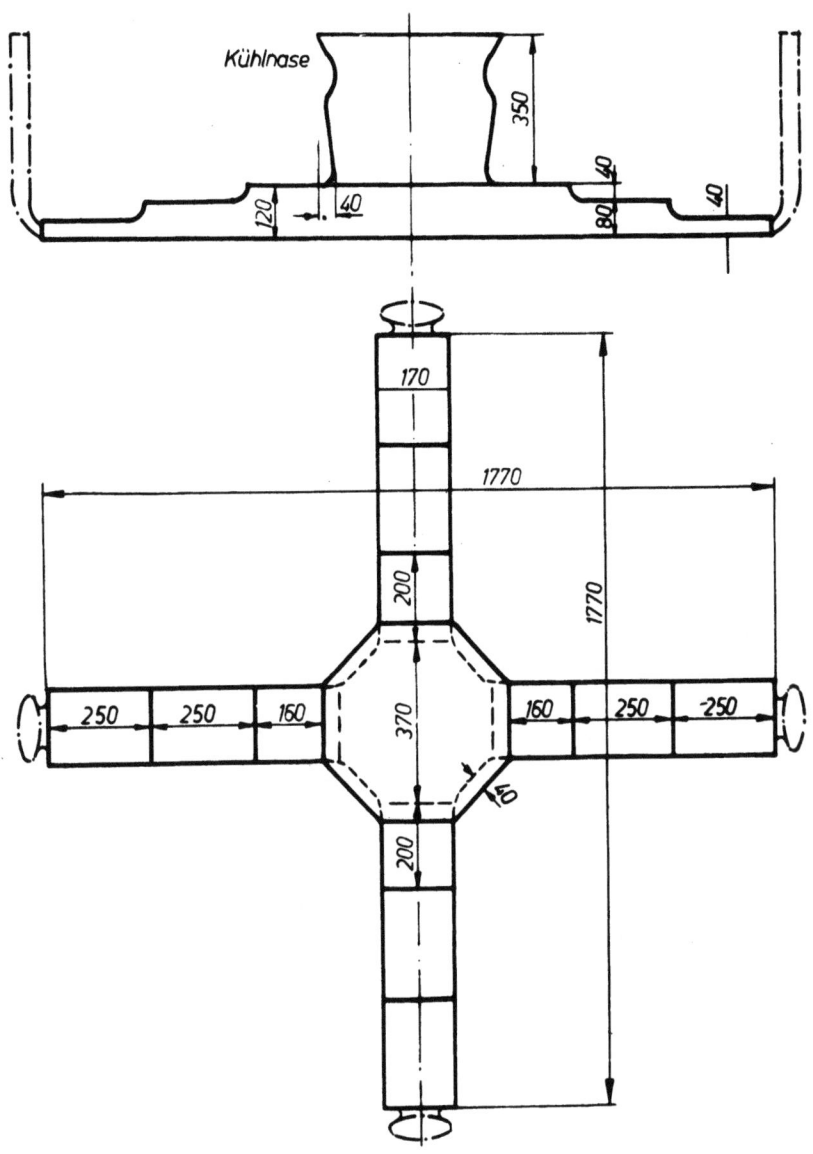

Abbildung 5

Probekörper (Kreuzform) für die Versuche

(n. E. PIWOWARSKY, STAUFFER, STÄHLIN)

Aus einem 15 t-Elektroofen wurden zunächst 1100 kg für das Probekreuz A in eine 1,5 t-Stopfenpfanne abgestochen und während des Abstichs die in faustgroßen Stücken vorliegende Mg-Ni-Legierung in die Pfanne geworfen. Gefährliche Auswürfe konnten bei dieser Behandlungsmethode nicht beobachtet werden; die Magnesiumsstücke wurden wiederholt vom Gießstrahl erfaßt und in den flüssigen Stahl hineingezogen. Das stückweise Einbringen der Legierung nahm ca. 3/4 der Abstichzeit in Anspruch. Nach einer Abstehzeit von 3 min wurde der Stahl in die getrockneten und vorgewärmten Schamotteformen vergossen. Unter Einhaltung gleicher Versuchsbedingungen erfolgte der für den Probekörper B bestimmte Ofenabstich aus derselben Ofencharge. Nach Zugabe von 2 % Ni wurde die Schmelze gut durchgerührt und vergossen. Der Rest der Charge wurde in eine 15 t-Pfanne entleert und mit diesem Material das zu Vergleichszwecken dienende Probekreuz C abgegossen. Um mit Sicherheit einen dichten und für die mechanische Prüfung einwandfreien Guß zu erhalten, wurde bei jedem Abstich vor der Magnesiumbehandlung mit 0,1 % Si und 0,05 % Al desoxydiert; außerdem erhielten die Probekreuze überdimensionierte Trichter und Eingüsse.

Die Probekörper wurden nach dem Putzen und Abtrennen der Trichter 4 Stunden bei 910° normalisiert.

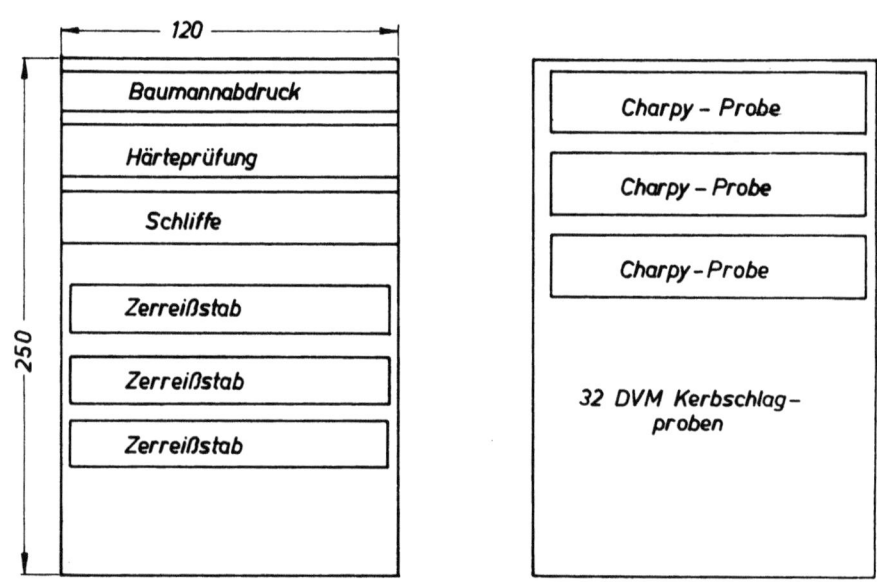

Abbildung 5a
Probenahme pro Charge und Querschnitt

Versuchsergebnisse

Bei der Probenahme wurde nach einem in Abbildung 5a wiedergegebenen Plan vorgegangen. Die Arme des Probekreuzes wurden in die verschiedenen Querschnitte zerteilt und für die Materialprüfung jeweils die untere Platte verwendet, da im oberen Teil des Gußstückes mit einem verstärkten Auftreten von MgS-Einschlüssen zu rechnen war. In den Tabellen 3 und 4 sind die Ergebnisse der mechanischen Untersuchung zusammengefaßt.

Tabelle 3

Ergebnisse des statischen Zerreißversuchs und der Härteprüfung

Abstich	Behandlung	σ_{zS} (kg/mm^2)	σ_{zB} (kg/mm^2)	δ (%)	ψ (%)	HB (kg/mm^2)
A	2,5 % Mg-Ni	34	46	13	20	145
B	2,0 % Ni	32	48	25	29	139
C	-	24	42	27	34	114

Tabelle 4

Ergebnisse der Kerbschlagzähigkeitsprüfung bei Raumtemperatur und tiefen Temperaturen

Kerbschlagzähigkeit (mkg/cm^2)

Temperatur	+ 20	0	- 10	- 20	- 40	- 60	- 70
Abstich A							
Wanddicke 40 mm	13,7	10,6	9,5	9,6	8,8	6,7	5,2
Wanddicke 80 mm	13,1	11,7	10,8	9,6	8,0	6,9	6,0
Wanddicke 120 mm	12,7	8,8	8,6	9,3	5,1	3,0	3,1
Abstich B							
Wanddicke 40 mm	9,0	8,4	6,6	6,3	6,2	3,9	3,6
Wanddicke 80 mm	9,8	8,6	7,8	7,4	6,0	5,0	3,1
Wanddicke 120 mm	10,8	8,3	8,3	6,4	6,0	5,1	2,7
Abstich C							
Wanddicke 40 mm	11,3	10,5	9,5	7,5	4,2	1,1[x]	
Wanddicke 80 mm	11,5	8,5	8,1	6,0	2,0	1,1[x]	
Wanddicke 120 mm	10,9	10,0	9,1	7,0	3,6	1,4[x]	

[x] bei -50° geprüft

Die Zugfestigkeit ändert sich durch die Magnesiumbehandlung nur wenig. Die geringe Verbesserung von 2 kg/mm^2 kann auf den Einfluß des Nickels zurückgeführt werden. Die Streckgrenze ist bei dem Material A am höchsten, bei Material C, dem Flußstahl ohne Zusätze, am niedrigsten. Bemerkenswert ist die Erhöhung des Streckgrenzenverhältnisses durch die Magnesiumbehandlung. Die Werte für die Dehnung und Einschnürung liegen bei den mit Mg-Ni behandelten Proben verhältnismäßig niedrig, was auf eine Zunahme der Mikrolunkerung zurückzuführen ist. Die Ergebnisse der Kerbschlagzähigkeitsuntersuchungen bei Raumtemperatur und tiefen Temperaturen, die in dieser Arbeit besondere Beachtung fanden, sind in Abbildung 6 graphisch wiedergegeben.

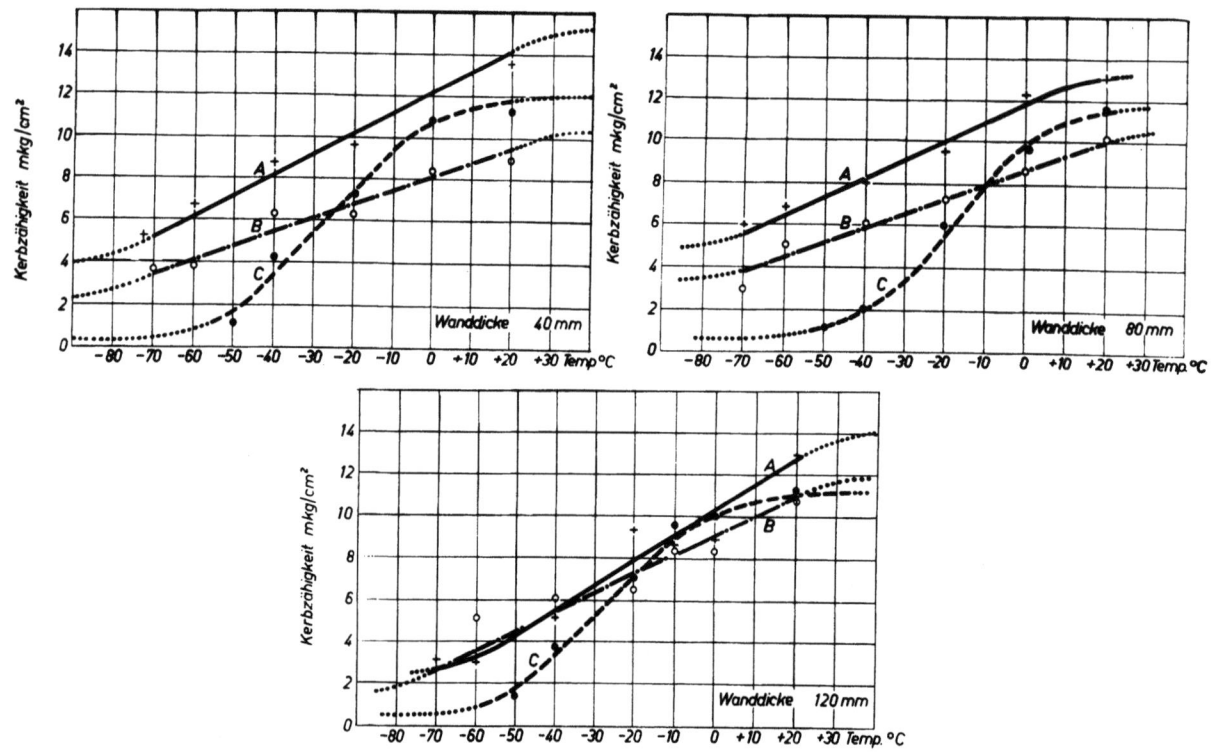

A b b i l d u n g   6

Steilabfall der Kerbzähigkeit zu tiefen Temperaturen
für verschiedene Wanddicken

—+—   Flußstahl mit Mg-Ni

—•—   Flußstahl mit Ni

—•—   Flußstahl ohne Zusätze

Es zeigte sich, daß der mit der Mg-Ni-Legierung behandelte Stahl A eine höhere Kerbschlagzähigkeit aufweist als das mit Nickel legierte B oder zu Vergleichszwecken dienende Material C. Der Flußstahl ohne Zusätze zeigt zudem einen schroffen Steilabfall der Kerbschlagzähigkeitswerte zu tiefen Temperaturen. Der Verlauf des Steilabfalls der beiden behandelten Materialien ist gleich, jedoch liegen beim Mg-behandelten Material A die Werte um durchschnittlich 3 mkg/cm^2 höher als bei dem mit Nickel legierten Stahl B, so daß bei -70° noch eine Kerbschlagzähigkeit von 4 - 6 mkg/cm^2 gemessen wurde. Der Einfluß der Wanddicke auf die Kerbschlagzähigkeitseigenschaften war nicht eindeutig. Es zeigte sich, daß bei der größten Wanddicke von 120 mm die Unterschiede in den Kerbschlagzähigkeitswerten der behandelten und unbehandelten Materialien nur noch gering waren. Die in den dünneren Wandstärken von 40 und 80 mm beobachtete Verschiebung des Steilabfalls der Kerbschlagzähigkeit zu tiefen Temperaturen war bei der größten Wandstärke von 120 mm nicht so ausgeprägt.

Die chemische Untersuchung war im Hinblick auf die entschwefelnde Wirkung des Magnesiums von besonderem Interesse. Zur Ermittlung der Schwefelverteilung im Gußstück wurden von den drei verschiedenen Wanddicken des Probekörpers (40, 80 und 120 mm) Baumannabzüge hergestellt, auf deren Wiedergabe hier verzichtet wird. Es zeigte sich bei der Auswertung, daß bei dem mit Mg-Ni-behandelten Material A in den oberen Zonen der Gußplatten eine starke Anhäufung von Schwefelverbindungen auftrat, während bei den unbehandelten Proben C und den mit Nickel legierten Proben B eine gleichmäßige Schwefelverteilung über den gesamten Querschnitt zu beobachten war. Eine Behandlung des Stahls mit Magnesium erfordert demnach eine längere Abstehzeit der Schmelze. Der Grad der Entschwefelung mit Magnesium geht aus den Ergebnissen der chemischen Untersuchung hervor (Tab. 5).

T a b e l l e 5

Analysen der Probekreuze

Abstich	C (%)	Si (%)	Mn (%)	P (%)	S (%)	Mg (%)	Ni (%)	Cu (%)
A	0,16	0,31	0,53	0,03	0,014	0,04	1,98	0,25
B	0,17	0,33	0,53	0,03	0,024	--	1,68	0,25
C	0,15	0,25	0,51	0,03	0,024	--	0,11	0,25

Bei einem Gehalt von 0,04 % Mg im Stahl betrug der Schwefelgehalt 0,014 %, was bei einem Ausgangsschwefelgehalt von 0,024 % S in der Vergleichscharge einer Entschwefelung von 45 % entspricht. Die Entschwefelung war also besser als bei den oben erwähnten Vorversuchen, was als Folge der längeren Abstehzeit anzusehen ist.

Aus den Untersuchungen von W. STAUFFER und E. STÄHLIN (7) geht hervor, daß eine Entschwefelung von Stahl mit Magnesium möglich ist. Bei Verwendung einer Vorlegierung der Zusammensetzung Mg-Ni (15 : 85) ist das Einbringen von Magnesium gefahrlos. Nachteilig könnten sich Schwefelseigerungen und lokale Anhäufungen von Entschwefelungsprodukten in den oberen Teilen der Gußstücke auf die Festigkeitseigenschaften des Materials auswirken. Bei einer guten Entschwefelung tritt gleichzeitig eine Verbesserung der Kerbschlagzähigkeit ein, wobei der Steilabfall zu tieferen Temperaturen verschoben wird.

b) Behandlung von fertig verblasenem Bessemer-Stahl mit Reinmagnesium

Im Anschluß an die Untersuchungen von W. STAUFFER und E. STÄHLIN (7) wurde in einer weiteren Arbeit auf die Verwendung der teuren Magnesiumlegierungen verzichtet und fertig verblasener Bessemer-Stahl mit Reinmagnesium behandelt. Hierdurch sollte die wirtschaftliche Seite des Verfahrens gehoben und unter Ausschaltung der in den Vorlegierungen enthaltenen Legierungskomponente der alleinige Einfluß des Magnesiums auf die Entschwefelung und Verbesserung der Kerbschlagzähigkeitseigenschaften verfolgt werden (8).

Die bei diesen Versuchen auftretenden Schwierigkeiten lagen hauptsächlich auf versuchstechnischem Gebiet, da das Zulegieren von Reinmagnesium zu einem Stahl von 1600° durch einen hohen Magnesiumabbrand und heftigen Reaktionsablauf gekennzeichnet ist. Die Schmelzbehandlung mußte daher in einer besonderen Pfanne vorgenommen werden, die ein ungefährliches Arbeiten und einen guten Ausnutzungsgrad für Magnesium gewährleisten sollte. Zu diesem Zweck wurde der von E. PIWOWARSKY und W. PATTERSON (9) entwickelte und von W. FLECKENSTEIN (10) bei der Herstellung von Gußeisen mit Kugelgraphit erprobte Magnesiumdampf-Konverter verwendet. Die in Abbildung 7 wiedergegebene Behandlungspfanne hat entsprechend den Bedingungen für eine erfolgreiche Magnesiumbehandlung des Stahls manche Vorteile. Die allseitig geschlossene, trommelförmige Gestalt sorgt für geringe

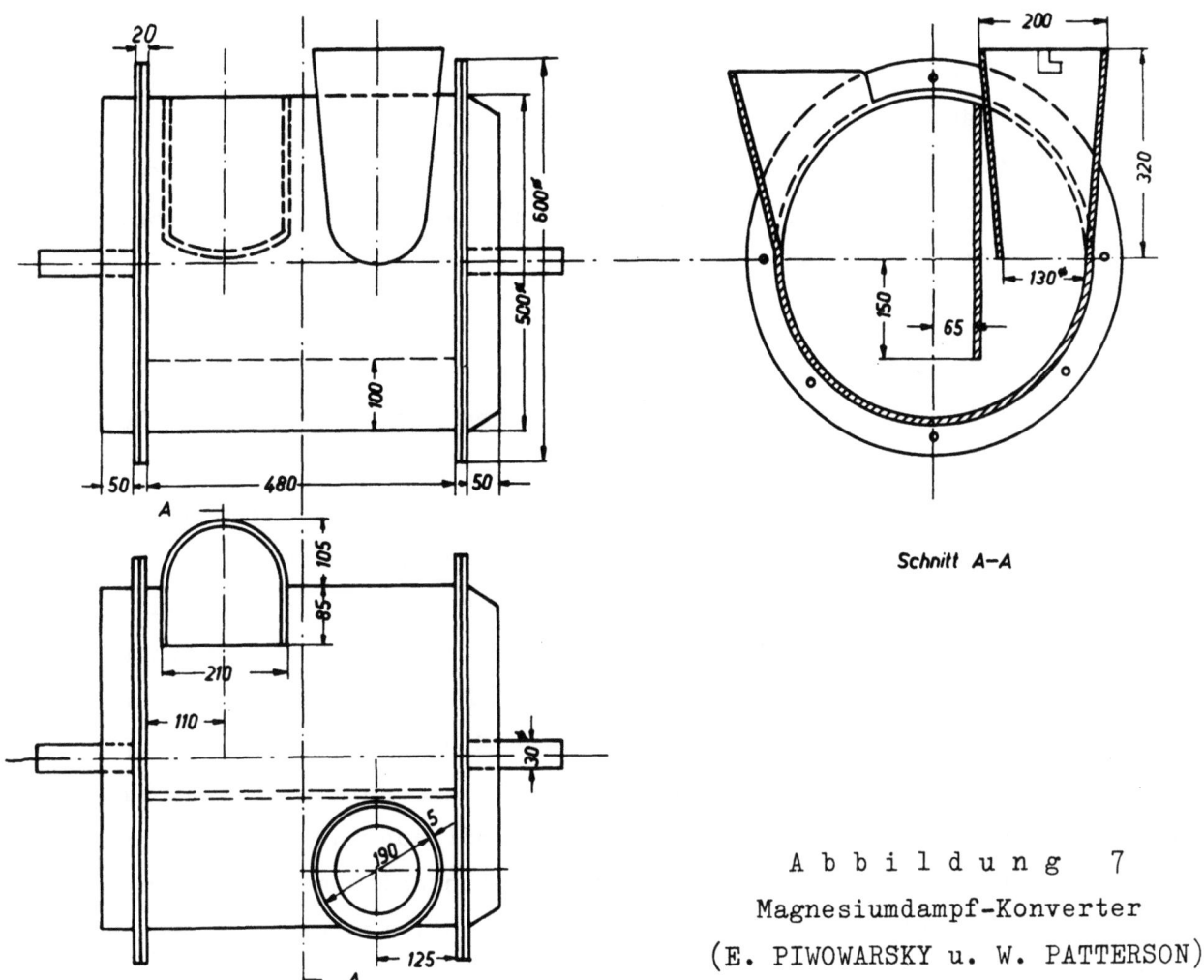

Abbildung 7
Magnesiumdampf-Konverter
(E. PIWOWARSKY u. W. PATTERSON)

Wärmeverluste. Die Zuführung des Magnesiums durch ein fest zu verschließendes Zuführungsrohr ist einfach zu bewerkstelligen und bedingt eine schnelle Betriebsbereitschaft des Konverters. Der Ablauf der Magnesiumreaktion kann unterbrochen und die Intensität der Behandlung durch mehr oder weniger tiefes Eintauchen des Magnesiumstückes in das Metallbad gesteuert werden. Die Trommelpfanne ist mit ihren Achsen in eine Kranaufhängevorrichtung gelagert und wird mittels eines Handrades über einen an der Stirnwand angebrachten Zahnkranz gedreht. In den Mantel der Trommel sind zwei Öffnungen für das Einfüllen des Stahls und für die Magnesiumzuführung eingebaut. Letztere besteht aus einem konischen Rohr, das bis in die Mitte der Trommel ragt und innen mit einer Graphithülse ausgekleidet ist. Der untere Rand des Zuführungsrohres ragt bei Behandlung in die Schmelze und ist mit feuerfestem Material umgeben. In die im Innern des

Zuführungsrohres befindliche Graphithülse ist ein Graphitstopfen eingepaßt, an dessen unterem Ende das Magnesiumstück mit einer Schraube befestigt wird. Um während der Magnesiumbehandlung eine intensive Durchmischung des Bades mit den Magnesiumdämpfen und zugleich einen besseren Ausnutzungsgrad zu erzielen, wurde parallel zur Achse des Trommelkonverters im Innern eine Zwischenwand eingezogen. Hierdurch wurde das in den Dampfzustand übergehende Magnesium gezwungen, einen längeren Weg durch das Bad zu nehmen.

Die behandelten Mengen betrugen 120 kg bei einem kleineren und ca. 500 kg bei einem größeren Trommelkonverter, der mit zwei Magnesiumzuführungsrohren versehen war. Der Stahl wurde aus der Bessemer Birne entnommen und nach dem Wiegen vor der Magnesiumbehandlung in der Pfanne mit Ferrosilizium desoxydiert. Die Behandlungspfannen waren so dimensioniert, daß sie bei den angegebenen Stahlmengen einen Füllungsgrad von 25 % aufwiesen. Es wurde darauf geachtet, daß bei den größeren Magnesiummengen die Reaktion nicht expolisonsartig durch zu schnelles Eintauchen zur Auslösung kam. Die zu behandelnde Charge wurde in den bis zur Rotglut vorgewärmten Magnesiumdampf-Konverter eingefüllt, die Eingußöffnung durch ein passendes Blech abgedeckt und gleichzeitig der Graphitstopfen mit dem Magnesiumstück in die Graphithülse eingeführt. Der Graphitstopfen mußte den Konverter von der Seite der Magnesiumzuführung dicht abschließen und durch einen Bajonettverschluß befestigt werden. Durch eine Drehung der Konvertertrommel tauchte die abgewogene Magnesiummenge in das Stahlbad, wodurch die Verdampfung des Magnesiums bewirkt wurde. Auch bei diesen Untersuchungen wurden zunächst einige Vorversuche durchgeführt, weniger um die entschwefelnde Wirkung des Mangnesiums festzustellen, als vielmehr die Bedingungen für den glatten Ablauf der Schmelzbehandlung im Konverter zu ermitteln. Es zeigte sich, daß infolge der heftigen Durchwirbelung der Schmelze mit hohen Temperaturverlusten zu rechnen war, die eine Mindesttemperatur des Stahls von 1600° und ein sorgfältiges Vorwärmen der Pfanne erforderlich machten. Der bei dieser Temperatur auftretende hohe Magnesiumabbrand mußte dabei als nachteilige Erscheinung in Kauf genommen werden. Durch die in den Konverter eingezogene Zwischenwand konnte der geringe Ausnutzungsgrad infolge längerer Berührungszeiten der Magnesiumdämpfe mit dem Stahlbad verbessert werden.

Durch die Trommelform des Konverters trat auch bei heftigem Reaktionsablauf kein Auswurf von flüssigem Stahl ein. Nach Beendigung der Reaktion, die sich je nach der zugegebenen Magnesiummenge über 10 - 90 sec hinzog, wurde die Trommel zurückgedreht und der Stahl gleich in die Formen gegossen.

Da bei den Untersuchungen von W. STAUFFER und E. STÄHLIN (7) kein eindeutiger Einfluß der Wanddicke auf die mechanischen Eigenschaften des behandelten Stahls festgestellt werden konnte, wurde bei dieser Versuchsreihe auf die Verwendung der Kreuzprobe verzichtet und die Kleeblattprobe nach Abbildung 8 abgegossen.

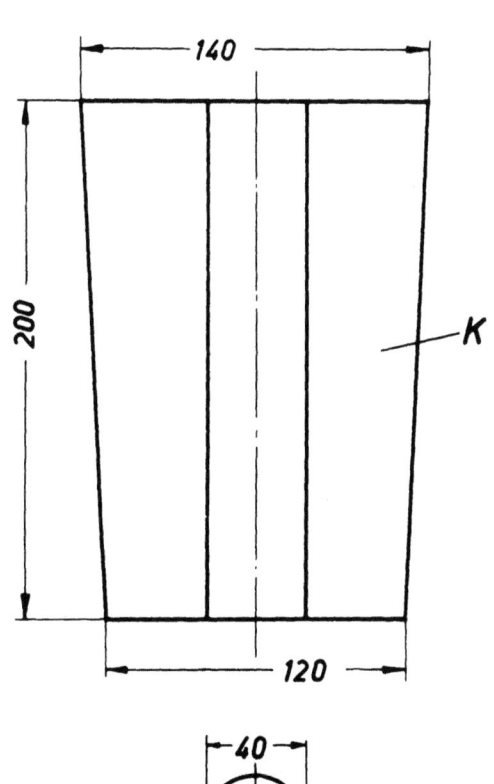

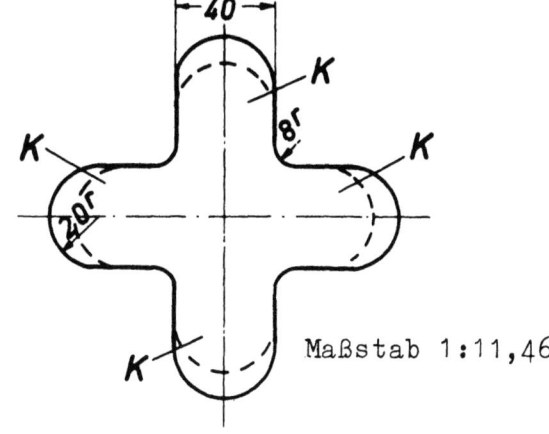

Maßstab 1:11,46

A b b i l d u n g   8
Kleeblattprobe

Die Probenahme für die Zerreißstäbe und die DVM-Kerbschlagproben mit Rundkerb erfolgte jeweils aus den mit K bezeichneten und vorher bei 850° normalisierten Abschnitten.

Versuchsprogramm

Schmelze 1 . . . . .   ohne Magnesiumzugabe
Schmelze 2 . . . . .   mit 0,08 % Reinmagnesium behandelt
Schmelze 3 . . . . .   mit 0,17 % Reinmagnesium behandelt
Schmelze 4 . . . . .   mit 0,25 % Reinmagnesium behandelt
Schmelze 5 . . . . .   mit 0,30 % Reinmagnesium behandelt

Die Behandlungsmenge von 0,08 % Reinmagnesium bei der Schmelze 2 wurde aus Gründen der Betriebssicherheit so niedrig gewählt, da man zu Anfang nicht wußte, mit welcher Reaktionsfreudigkeit die Behandlung in der Trommel vor sich gehen würde. Die größte in dieser Versuchsreihe zugegebene Magnesiummenge von 0,3 % bei Schmelze 5 liegt noch unter den von W. STAUFFER und E. STÄHLIN angegebenen und auf Reinmagnesium umgerechneten Werten.

Versuchsergebnisse

In den Tabellen 6 und 7 sind die Mittelwerte aus drei Proben für die Zugfestigkeit, Dehnung und Einschnürung und aus 5 DVM-Proben mit Rundkerb für die Kerbschlagzähigkeit wiedergegeben.

T a b e l l e   6

Ergebnisse des statischen Zerreißversuches

Schmelze	Behandlung	σ_{zS} (kg/mm^2)	σ_{zB} (kg/mm^2)	δ %	ψ %	HB (kg/mm^2)
1	ohne Mg-Zugabe	32,4	48,4	10	11	146
2	0,08 % Mg-Zug.	32,0	54,2	17	23	133
3	0,17 % Mg-Zug.	31,5	56,5	15	19	126
4	0,25 % Mg-Zug.	32,5	55,8	6	11	112
5	0,30 % Mg-Zug.	31,0	53,3	17	20	117

Tabelle 7

Ergebnisse der Kerbschlagzähigkeit bei Raumtemperatur und tiefen Temperaturen

Schmelze	Behandlung	Kerbschlagzähigkeit (mkg/cm^2)					
Temperatur		+ 20	+ 10	0	- 10	- 20	- 40
1	ohne Mg-Zugabe	3,0	2,3	1,1	1,1	1,1	1,1
2	0,08 % Mg-Zug.	3,5	2,8	2,8	2,6	2,0	1,8
3	0,17 % Mg-Zug.	5,0	4,5	4,0	3,4	2,0	1,5
4	0,25 % Mg-Zug.	6,5	6,4	6,5	5,8	4,8	2,3
5	0,30 % Mg-Zug.	7,5	7,2	6,8	6,0	5,0	2,5

Bei der Betrachtung der Meßergebnisse des statischen Zerreißversuches könnte man zu dem Schluß kommen, daß die Magnesiumbehandlung verbessernd auf die mechanischen Eigenschaften wirkt. Zur genauen Charakterisierung dieser Beobachtung liegen jedoch zu wenige Meßergebnisse vor. Eine Untersuchung der Gefügeausbildung ließ zudem ein gröberes Korn bei der unbehandelten Schmelze 1 erkennen, worauf u.U. die niedrigere Zugfestigkeit zurückzuführen ist. Als Ursache für die geringen Einschnürungs- und Dehnungswerte bei Schmelze 4 kann eine erhöhte Mikrolunkerung angegeben werden.

In Abbildung 9 ist die Kerbschlagzähigkeit in Abhängigkeit von der Prüftemperatur aufgetragen. Die Verbesserung der Kerbschlagzähigkeit bei Raumtemperatur und die Verschiebung des Steilabfalls in tiefere Temperaturbereiche stimmt mit den Ergebnissen der Untersuchungen von W. STAUFFER und E. STÄHLIN (7) überein. Diese Verbesserung ist also offensichtlich auf die Wirkung des Magnesiums zurückzuführen und nicht auf die in den Vorlegierungen der ersten Versuchsreihen enthaltenen Elemente wie Kupfer oder Nickel.

Die Ergebnisse der chemischen Untersuchung, die in Tabelle 8 zusammengefaßt sind, zeigen, daß eine Entschwefelung mit Reinmagnesium weniger erfolgreich ist als mit Magnesium-Vorlegierungen.

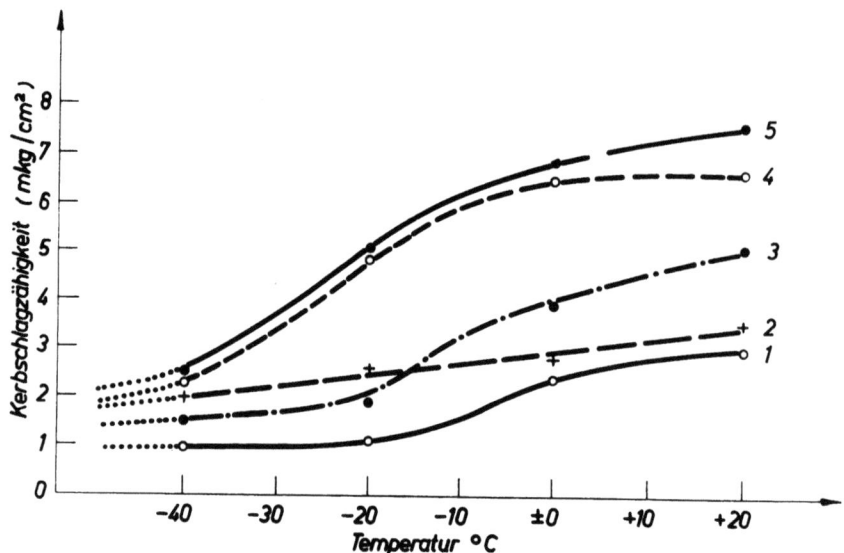

Abbildung 9

Kerbschlagzähigkeit von behandeltem und unbehandeltem
Bessemer Stahl in Abhängigkeit von der Temperatur

o————o 1 Bessemer Stahl ohne Zusatz
+————+ 2 Bessemer Stahl 0,08 % Mg-Zusatz
●—·—·—● 3 Bessemer Stahl 0,17 % Mg-Zusatz
o— — —o 4 Bessemer Stahl 0,25 % Mg-Zusatz
●————● 5 Bessemer Stahl 0,30 % Mg-Zusatz

Tabelle 8

Ergebnisse der chemischen Untersuchung

Schmelze	Behandlung	C (%)	Si (%)	Mn (%)	P (%)	S (%)
1	ohne Mg-Zugabe	0,33	0,79	0,80	0,079	0,060
2	vor der Mg-Zugabe	0,33	0,79	0,80	0,079	0,060
	nach 0,08 % Mg-Zugb.	0,32	0,59	0,75	0,068	0,076
3	vor der Mg-Zugabe	0,34	0,59	0,74	0,070	0,068
	nach 0,17 % Mg-Zugb.	0,32	0,56	0,94	0,070	0,054
4	vor der Mg-Zugabe	0,26	0,44	0,47	0,096	0,088
	nach 0,25 % Mg-Zugb.	0,29	0,56	0,92	0,081	0,046
5	vor der Mg-Zugabe	0,28	0,47	0,68	0,072	0,075
	nach 0,30 % Mg-Zugb.	0,29	0,52	0,60	0,068	0,042

Trotz des Anstieges der Kerbschlagzähigkeit mit steigendem Magnesiumzusatz beträgt der niedrigste Schwefelgehalt, der bei diesen Versuchen erreicht wurde, noch 0,042 %. Die Ursache hierfür ist in dem hohen Magnesiumabbrand zu suchen, wie auch bei der spektrographischen Untersuchung nur Spuren von Magnesium gefunden werden konnten. Hierdurch wurden die Ergebnisse von W. STAUFFER und E. STÄHLIN bestätigt, die niedrige Schwefelgehalte erst bei Magnesiumgehalten im Stahl über 0,04 % beobachteten (vgl. Abb. 4).

2. Entschwefelung des zu verblasenden Rinneneisens mit Magnesiumlegierungen

In einer weiteren an Bessemer-Stahl durchgeführten Versuchsreihe war beabsichtigt, dem Frischvorgang in der Bessemer Birne eine Entschwefelung des Rinneneisens mit Magnesium vorzuschalten. Es sollten verschiedene Magnesium-Vorlegierungen verwendet und die beim fertig verblasenen Bessemer-Stahl auftretenden Eigenschaftsänderungen in Abhängigkeit vom Entschwefelungsgrad verfolgt werden (11).

Die Versuchsbedingungen entsprachen in etwa den bei der Herstellung von Gußeisen mit Kugelgraphit vorliegenden Verhältnissen. Die Behandlungstemperatur lag im Gegensatz zu den Versuchen mit Elektrostahl und fertig verblasenem Bessemer-Stahl verhältnismäßig niedrig, so daß mit einem Ausnutzungsgrad für Magnesium von 20 - 30 % gerechnet werden konnte. Bei einem durchschnittlichen Schwefelgehalt des Rinneneisens von 0,1 % entfällt auf ein Chargengewicht von 2 t eine Magnesiummenge von 6 kg bzw. ein Anteil an Magnesium-Vorlegierung Mg-Ni (15 : 85) oder Mg-Fe-Si (15 : 85) von rund 40 kg oder 2 % des Chargengewichtes. Zur Ermittlung der optimalen Legierungsmenge wurden abweichend von der theoretisch berechneten Menge zusätzlich Schmelzen mit 1,5 und 2,5 % Legierungszugabe gefahren. Um den Einfluß des Magnesiums zu charakterisieren, wurde eine Schmelze nur mit Nickel legiert und außerdem eine zu Vergleichszwecken dienende unbehandelte Charge vergossen.

Versuchsprogramm

Schmelze A . . . . ohne Mg-Zugabe,
Schmelze B_1 . . . . mit 2,5 % Mg-Ni-Vorlegierung (15:85) behandelt,
Schmelze B_2 . . . . mit 1,5 % Mg-Ni-Vorlegierung (15:85) behandelt,

Schmelze B_3 . . . . mit 2,0 % Mg-Ni-Vorlegierung (15:85) behandelt,
Schmelze C_1 . . . . mit 2,0 % Mg-Fe-Si-Vorlegierung (15:85) behandelt,
Schmelze C_2 . . . . mit 1,5 % Mg-Fe-Si-Vorlegierung (15:85) behandelt,
Schmelze C_3 . . . . mit 2,5 % Mg-Fe-Si-Vorlegierung (15:85) behandelt.

Das Einbringen der Vorlegierung erfolgte durch Wurf faustgroßer Stücke in den Gießstrahl des Kupolofeneisens unter kräftigem Umrühren der Schmelze. Als Zeitpunkt wurde jeweils der letzte Abstich eines Schmelztages gewählt. Die 15-%ige Mg-Ni-Legierung konnte dem Rinneneisen ohne besondere Vorsichtsmaßnahmen zulegiert werden. Dagegen war das Einbringen der Mg-Fe-Si-Legierung durch einen stoßenden, von Auswürfen begleiteten Reaktionsablauf gekennzeichnet. Wahrscheinlich bildeten sich um die faustgroßen Stücke der Vorlegierung Oxydkrusten, die nach einiger Zeit aufplatzten, wodurch eine erneute Reaktion des Magnesiums mit dem Eisenbad eingeleitet wurde.

Die Pfanne wurde sofort nach Abklingen der Reaktion gewogen und in den Konverter entleert. Das Ausgießen erfolgte durch einen Siphon, so daß die bei der Magnesiumreaktion entstandene Schlacke in der Pfanne zurückblieb.

Als Versuchskörper kam die in der Arbeit W. STAUFFER und E. STÄHLIN (7) benutzte Kreuzprobe zur Anwendung, von der aus Gründen der Materialersparnis nur jeweils zwei Arme in Stahlformmasse eingeformt und abgegossen wurden. Die Abstufung in den Wanddicken wurde beibehalten und die Probenahme nach dem in Abbildung 5a wiedergegebenen Schema durchgeführt. Nach dem Ausleeren und Putzen der Gußstücke wurde ein Arm des Probekörpers in die einzelnen Abschnitte zerlegt und in einem gasbeheizten Glühofen einer Diffusionsglühung bei 1000° und einer Normalisierung bei 850° mit anschließender Ofenabkühlung unterzogen.

Versuchsergebnisse

In den Tabellen 9 und 10 sind die Mittelwerte der mechanischen Prüfung von je drei Proben für die Zugfestigkeit, Streckgrenze, Dehnung und Einschnürung und von 5 DVM-Proben mit Rundkerb für die Kerbschlagzähigkeit wiedergegeben.

Eine Abhängigkeit der Ergebnisse beim statischen Zerreißversuch von der Wandstärke konnte nicht festgestellt werden. Die mechanischen Werte der behandelten Schmelzen liegen in der Streckgrenze und Zugfestigkeit über

Tabelle 9

Ergebnisse des statischen Zerreißversuches

Schmelze	Behandlung	σ_{zS} (kg/mm²)	σ_{zB} (kg/mm²)	δ (%)	ψ (%)	HB (kg/mm²)
A	ohne Mg-Zugabe	28,9	47,7	21,8	30,9	144
B_1	2,5 % Mg-Ni v.d.Blasen	29,5	46,2	31,0	54,0	148
B_2	1,5 % Mg-Ni v.d.Blasen	37,9	54,9	18,9	27,3	160
B_3	2,0 % Mg-Ni v.d.Blasen	43,3	62,6	21,0	30,3	174
C_1	2,0 % Mg-Fe-Si v.d.Blas.	30,0	51,0	22,3	34,4	146
C_2	1,5 % Mg-Fe-Si v.d.Blas.	28,0	48,2	23,5	35,8	134
C_3	2,5 % Mg-Fe-Si v.d.Blas.	30,9	48,3	27,0	43,5	130
D	1,45% Ni vor dem Blasen	36,3	55,3	21,2	33,2	162

Tabelle 10

Kerbschlagzähigkeit bei Raumtemperatur und tiefen Temperaturen

Kerbschlagzähigkeit (mkg/cm²)

Temperatur	+ 20	0	- 10	- 20	- 40	- 60	- 70
Schmelze A							
Wanddicke 40 mm	4,8	3,6	2,6	2,2	0,7	0,5	--
Wanddicke 80 mm	3,6	3,7	0,8	0,6	0,3	0,3	0,2
Wanddicke 120 mm	4,2	3,5	2,7	0,9	0,3	0,4	0,2
Schmelze B_1							
Wanddicke 40 mm	8,4	5,2	2,4	2,2	0,5	0,4	0,3
Wanddicke 80 mm	6,0	5,0	0,6	0,7	0,1	0,4	0,5
Wanddicke 120 mm	8,9	7,5	4,0	3,1	0,6	0,4	0,4
Schmelze B_2							
Wanddicke 40 mm	5,3	4,4	5,0	3,6	0,4	0,2	0,2
Wanddicke 80 mm	8,0	6,5	5,0	3,4	5,0	1,0	0,6
Wanddicke 120 mm	7,0	4,7	2,0	1,4	0,3	0,2	0,1

Fortsetzung der Tabelle 10

Kerbschlagzähigkeit bei Raumtemperatur und tiefen Temperaturen

Kerbschlagzähigkeit (mkg/cm^2)

Temperatur	+ 20	0	- 10	- 20	- 40	- 60	- 70
Schmelze B_3							
Wanddicke 40 mm	2,0	1,3	1,8	1,1	0,5	0,4	0,3
Wanddicke 80 mm	3,6	4,0	3,4	2,2	0,5	0,4	0,3
Wanddicke 120 mm	4,4	4,3	4,6	4,0	1,4	0,6	0,3
Schmelze C_1							
Wanddicke 40 mm	2,0	1,3	0,6	0,8	0,4	0,3	0,4
Wanddicke 80 mm	6,4	6,3	5,3	4,0	0,5	0,4	0,4
Wanddicke 120 mm	6,6	7,0	4,5	1,6	0,5	0,4	0,4
Schmelze C_2							
Wanddicke 40 mm	5,1	3,9	4,6	2,5	0,6	0,5	0,4
Wanddicke 80 mm	6,4	6,3	5,3	4,0	0,5	0,4	0,4
Wanddicke 120 mm	6,2	5,4	3,9	3,7	2,4	0,4	0,5
Schmelze C_3							
Wanddicke 40 mm	6,5	5,5	4,8	4,5	0,6	0,5	0,4
Wanddicke 80 mm	8,4	6,6	6,8	5,4	3,0	0,5	0,6
Wanddicke 120 mm	7,4	6,6	6,6	4,8	0,9	0,4	0,3
Schmelze D							
Wanddicke 40 mm	5,5	5,1	5,0	3,7	3,4	2,2	0,9
Wanddicke 80 mm	6,6	5,3	5,6	4,0	3,0	2,2	0,6
Wanddicke 120 mm	7,5	6,9	5,9	4,3	5,0	1,0	0,4

denen der unbehandelten Vergleichsschmelze A. Die nur mit Nickel behandelte Schmelze D zeigt hinsichtlich der Festigkeit die gleichen Ergebnisse wie die mit Mg-Ni und Mg-Fe-Si legierten Schmelzen B und C, so daß die Festigkeitssteigerung auf den Einfluß des Nickels zurückgeführt werden kann.

Auch bei der Auswertung der Versuchsergebnisse der Kerbschlagzähigkeit konnte kein eindeutiger Wanddickeneinfluß festgestellt werden. Deshalb wurden die Mittelwerte der drei verschiedenen Wandstärken in Abhängigkeit von der Temperatur aufgetragen und mit der unbehandelten Schmelze A verglichen (Abb. 10).

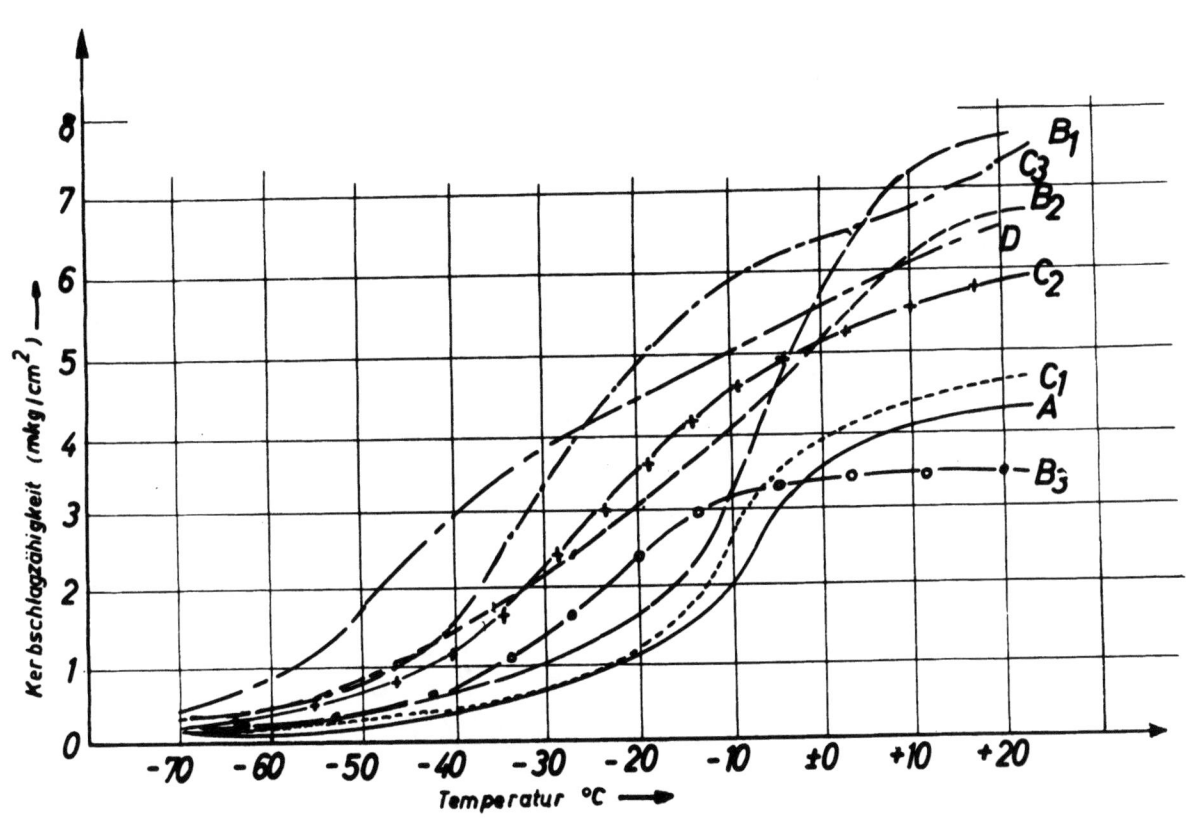

Abbildung 10

Steilabfall der Kerbschlagzähigkeit zu tiefen Temperaturen

—————— Bessemerstahl unbehandelt A

— — — — Bessemerstahl vor dem Blasen mit 2,5 % MgNi behandelt B_1

- - - - -   "   "   "   "   "   1,5 % MgNi   " B_2

—·—·—   "   "   "   "   "   2,0 % MgNi   " B_3

- - - - -   "   "   "   "   "   2,0 % MgFeSi   " C_1

—+—+—   "   "   "   "   "   1,5 % MgFeSi   " C_2

— — —   "   "   "   "   "   2,5 % MgFeSi   " C_3

              "   "   "   "   "   1,45% D   "

Aus dem Verlauf der Kurven ist ersichtlich, daß der Steilabfall der Kerbschlagzähigkeit bei den mit Mg-Ni und Mg-Fe-Si behandelten Schmelzen

Seite 29

gegenüber der unbehandelten Schmelze A in das Gebiet tieferer Temperaturen verschoben ist.

Einen Einfluß auf die Lage des Steilabfalls haben die Phosphor-, Schwefel-, Stickstoff- und Sauerstoffgehalte, die Art und Menge der Legierungselemente sowie die Glühbehandlung.

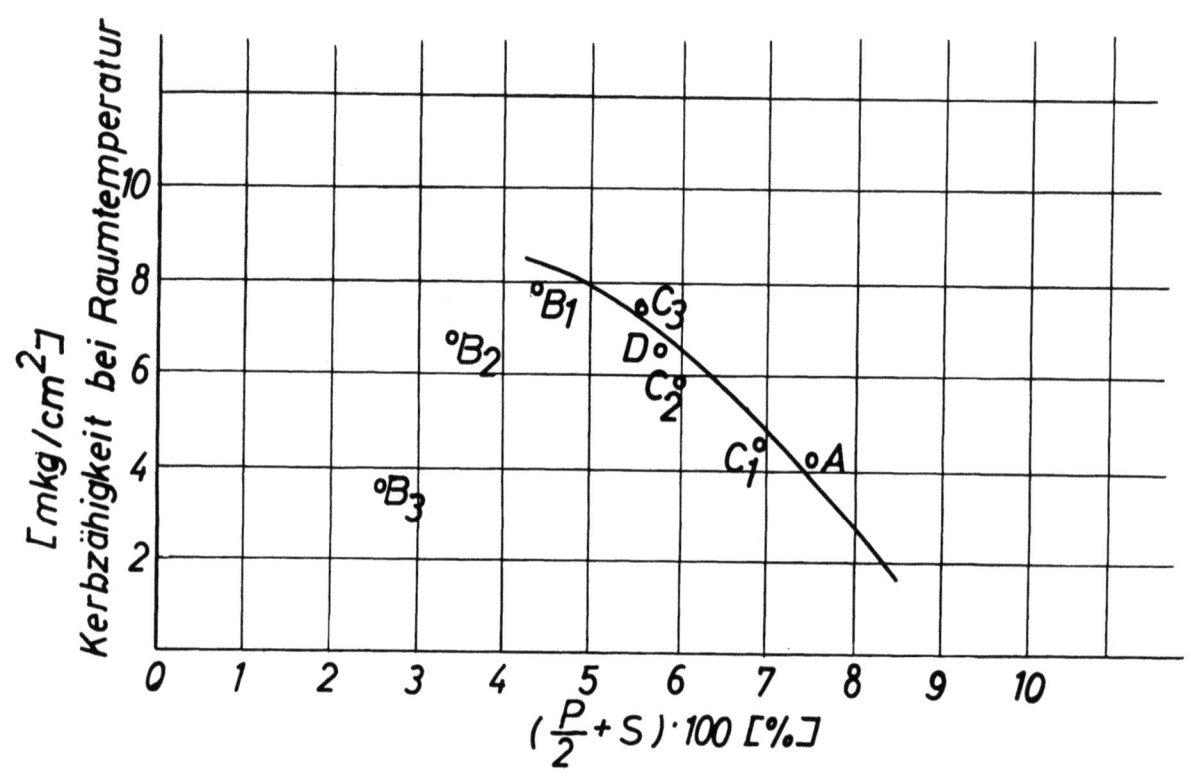

A b b i l d u n g   11

Kerbzähigkeit bei Raumtemperatur in
Abhängigkeit vom $(\frac{P}{2} + S) \cdot 100$-Gehalt

In Abbildung 11 ist die Kerbschlagzähigkeit bei Raumtemperatur über den Ausdruck $(P/2 + S) \cdot 100$ aufgetragen. Der Kurvenverlauf läßt eine Abnahme der Kerbschlagzähigkeit mit zunehmenden Phosphor- und Schwefelgehalt erkennen. Die nicht in den Kurvenverlauf einzuordnenden Werte der Schmelzen B_2 und B_3 sind möglicherweise auf den höheren Mangangehalt zurückzuführen, der im Zusammenwirken mit Phosphor Anlaßsprödigkeit verursachen kann (12).

Die Ergebnisse der chemischen Untersuchung sind in Tabelle 11 wiedergegeben.

Tabelle 11

Ergebnisse der chemischen Untersuchung

Schmelze		C (%)	Si (%)	Mn (%)	P (%)	S (%)	Mg (%)	Ni (%)
A	Rinneneisen	3,22	1,25	0,79	0,078	0,117	-	-
	n.Soda-Zusatz	3,23	0,91	0,66	0,080	0,028	-	-
	nach dem Blasen	0,18	0,44	1,01	0,073	0,038	-	-
B_1	Rinneneisen	2,61	0,92	0,77	0,0582	0,145	0,0017	-
	2,5 % Mg-Ni	2,75	1,25	0,93	0,061	0,013	0,061	1,94
	nach dem Blasen	0,23	0,17	0,35	0,073	0,007	0,0005	1,82
B_2	Rinneneisen	3,27	0,99	0,79	0,062	0,104	0,0008	0,04
	1,5 % Mg-Ni	3,27	0,90	0,81	0,055	0,032	0,0680	1,39
	nach dem Blasen	0,21	0,57	0,81	0,047	0,010	0,0009	1,35
B_3	Rinneneisen	3,03	0,70	0,79	0,049	0,098	0,0015	-
	2,0 % Mg-Ni	2,75	0,80	0,69	0,048	0,012	0,070	1,55
	nach dem Blasen	0,20	0,33	1,06	0,04	0,006	0,0005	1,50
C_1	Rinneneisen	3,20	0,61	0,73	0,064	0,170	0,0005	-
	2,0 % Mg-Fe-Si	3,25	1,98	0,96	0,065	0,068	0,0051	-
	nach dem Blasen	0,21	0,41	0,93	0,078	0,030	0,0003	-
C_2	Rinneneisen	3,16	1,00	0,64	0,055	0,118	0,0014	-
	1,5 % Mg-Fe-Si	3,09	2,02	0,65	0,052	0,058	0,0051	-
	nach dem Blasen	0,18	0,43	0,93	0,051	0,034	0,0004	-
C_3	Rinneneisen	2,81	0,72	0,73	0,062	0,105	0,0019	-
	2,5 % Mg-Fe-Si	2,94	2,11	0,85	0,059	0,065	0,0050	-
	nach dem Blasen	0,17	0,41	1,00	0,041	0,035	0,0003	-
D	1,45 % Ni	0,19	0,42	1,01	0,035	0,04	-	-

Der Entschwefelungsgrad und der Magnesiumabbrand in Abhängigkeit von der Magnesiumzugabe sind in den Abbildungen 12 und 13 wiedergegeben. Es ist zu erkennen, daß mit zunehmender Legierungsmenge der Abbrand für Magnesium größer wird. Zugleich läßt sich eine Charakterisierung der einzelnen Vorlegierungstypen vornehmen. Auf Grund des verhältnismäßig geringen Magnesiumabbrandes und der optimalen Entschwefelungsfähigkeit ist von den in dieser Arbeit zur Anwendung gekommenen Legierungen das Mg-Ni (15:85) als die günstigste anzusprechen. Bei einer Magnesiummenge in der Vorlegierung von 0,3 - 0,4 % Mg wurde eine Herabsetzung des Schwefelgehaltes von 0,145 auf 0,013 % S erreicht. Bei einer Steigerung der Magnesiummenge ist mit einer weiteren Verringerung des Schwefelgehaltes, aber auch mit einer erheblichen Zunahme des Magnesiumabbrandes zu rechnen.

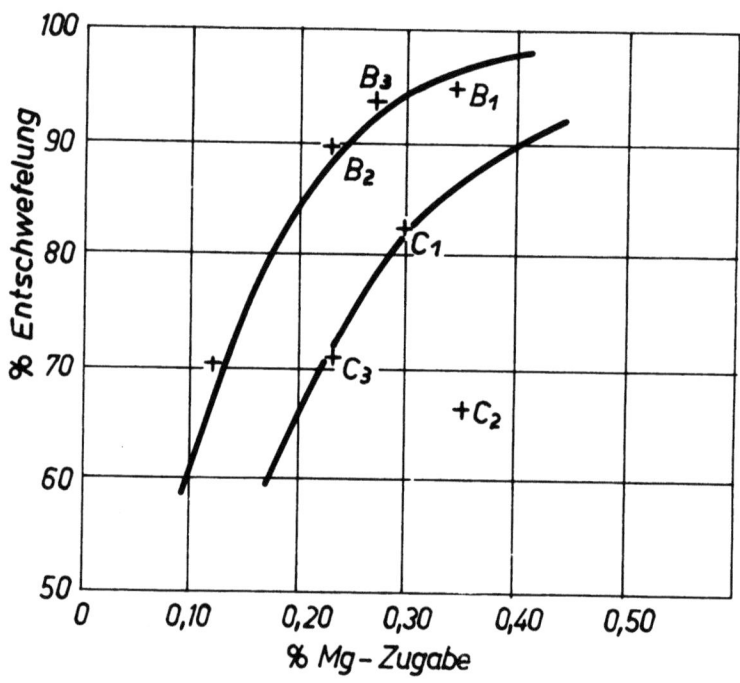

A b b i l d u n g   12

Entschwefelung in Abhängigkeit von der Mg-Zugabe

3. Entschwefelung mit Magnesium-Vorlegierungen während des Blasens

J. SIEGMUND und D. BUCHHOLZ (11) untersuchten bei einer Schmelze die Wirkung einer Behandlung mit 15-%iger Mg-Fe-Si-Vorlegierung während des Blasens. Zu diesem Zweck verwendeten sie eine Vorrichtung, mit der das feinkörnige Mg-Fe-Si während des Frischprozesses direkt in den Konverter eingeblasen wurde. Der Aufbau und die Wirkungsweise gehen aus Abbildung 14 hervor. Ein T-Stück (a), auf dem sich der nach oben luftdicht abgeschlossene Behälter für die Aufnahme der Vorlegierung befindet, ragt

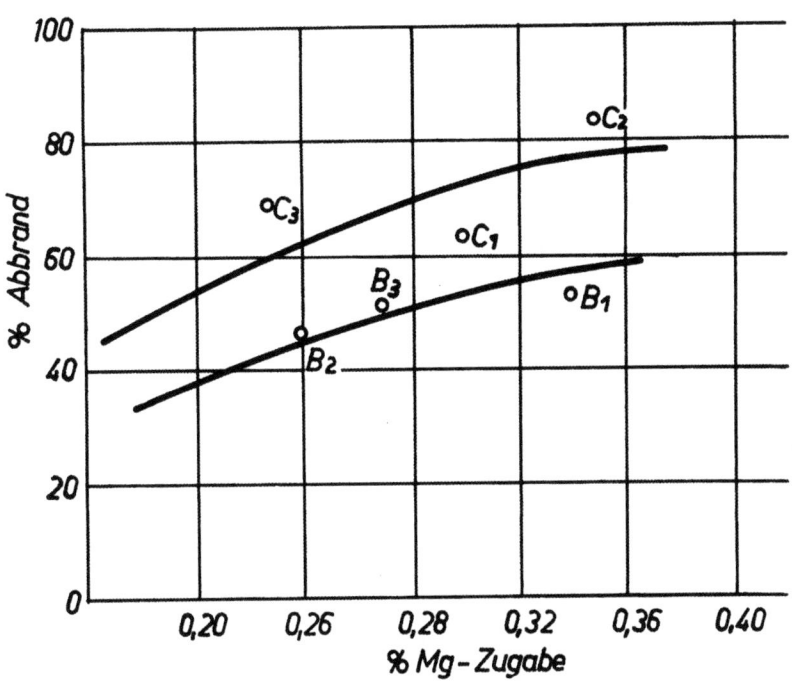

Abbildung 13

Mg-Abbrand in Abhängigkeit von der Mg-Zugabe

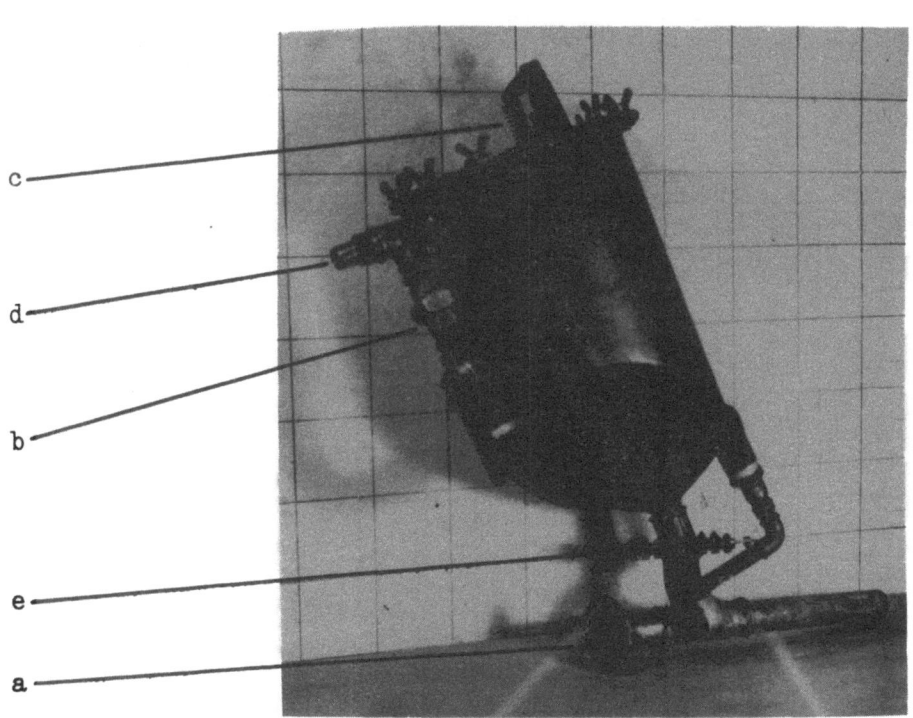

Abbildung 14

während des Frischprozesses in das Düsenrohr des Konverters. Das Einblasen der Vorlegierung erfolgte durch den Gebläsewind.

Im Falle der Verstopfung konnte mit Hilfe eines Rüttlers (c) oder durch zusätzliche Preßluft (d) der Materialnachschub sichergestellt werden.
Die Menge der zugegebenen Vorlegierung wurde durch einen am T-Stück angebrachten Schieber (e) gesteuert. Als die günstigste Siebmaschenweite erwies sich eine Körnung von maximal 10 mm. Die zugegebene Menge an Vorlegierung betrug bei diesem Versuch 1,35 % Mg-Fe-Si.

Bei der Prüfung der mechanischen Eigenschaften wurde eine Zugfestigkeit von 50,6 kg/mm^2 festgestellt, was gegenüber einer Ausgangsfestigkeit der unbehandelten Schmelze A von 48 kg/mm^2 nur einer unwesentlichen Verbesserung entspricht und auf Unterschiede in der chemischen Zusammensetzung zurückgeführt werden kann. Auch die Werte der Dehnung und Einschnürung liegen im Bereich der in der Normung vorgeschriebenen Grenzen. Die Untersuchung auf Kerbschlagzähigkeit bei Raumtemperatur und tiefen Temperaturen ergab eine Steigerung um durchschnittlich 2 mkg/cm^2.

Tabelle 12

Kerbschlagzähigkeit bei Raumtemperatur und tiefen Temperaturen

Kerbschlagzähigkeit (mkg/cm^2)

Temperatur	+ 20	0	- 10	- 20	- 40	- 60	- 70
Schmelze A							
Wanddicke 40 mm	4,8	3,6	2,6	2,2	0,7	0,5	-
Wanddicke 80 mm	3,6	3,7	0,8	0,6	0,3	0,3	0,2
Wanddicke 120 mm	4,2	3,5	2,7	0,9	0,3	0,4	0,2
Schmelze E							
Wanddicke 40 mm	5,9	6,2	5,2	0,7	0,6	0,4	0,4
Wanddicke 80 mm	5,0	4,9	4,4	2,4	1,3	0,4	0,6
Wanddicke 120 mm	7,3	5,4	3,2	2,6	0,9	0,4	0,4

Wahrscheinlich war die zugegebene Vorlegierungsmenge von 1,35 % Mg-Fe-Si zu gering, um eine wesentliche Verbesserung der Kerbschlagzähigkeit zu bewirken.

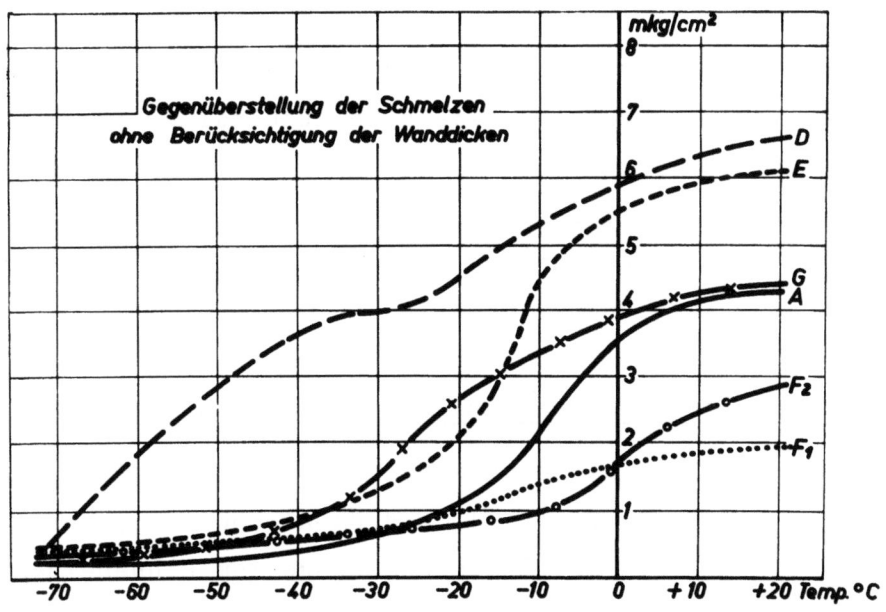

Abbildung 15

Kerbzähigkeit in Abhängigkeit von der Temperatur

Abbildung 15 zeigt die Kerbschlagzähigkeit in Abhängigkeit von der Prüftemperatur. Es ist zu ersehen, daß durch die Magnesiumbehandlung neben einer Verbesserung der Werte für Raumtemperatur eine Verschiebung des Steilabfalls zu tiefen Temperaturen eingetreten ist.

Tabelle 13

Ergebnisse der chemischen Untersuchung

Schmelze	Behandlung	C (%)	Si (%)	Mn (%)	P (%)	S (%)	Mg (%)
E	Rinneneisen	2,93	1,23	0,76	0,067	0,097	0,0005
	nach Sodazusatz	2,98	0,85	0,64	0,037	0,036	0,0005
	nach dem Blasen und 1,35 % Mg-Fe-Si	0,15	0,47	0,86	0,079	0,026	0,0006

Hinsichtlich der Entschwefelung (Tab. 13) kann die Verringerung des Schwefelgehaltes um 0,010 % nicht mit Sicherheit auf den Einfluß des Magnesiums zurückgeführt werden, da nach dem Sodazusatz vor dem Blasen nur noch 0,036 % Schwefel im Stahl vorlagen. Um die entschwefelnde Wirkung einer Magnesiumbehandlung für diesen Versuch zu ermitteln, wäre es zweckmäßig gewesen, auf die vorgeschaltete Sodabehandlung des Rinneneisens zu verzichten. Gemäß dem Überangebot an Sauerstoff in der Bessemer Birne und der größeren Neigung des Magnesiums zur Oxyd- als zur Sulfidbildung ist bei einer Magnesiumbehandlung während des Frischprozesses nur eine geringe Entschwefelung zu erwarten.

4. Entschwefelung mit Vorlegierungen vor und nach dem Blasen

In einer weiteren Versuchsreihe behandelten J. SIEGMUND und D. BUCHHOLZ (11) drei Schmelzen mit Mg-Al (9 : 91)- und Ca-Al (50 : 50)-Vorlegierungen in der Weise, daß sie 2/3 der Legierungsmenge dem Rinneneisen und 1/3 dem fertig verblasenem Bessemer-Stahl zulegierten. Die zweite Legierungszugabe befand sich auf dem Boden der Pfanne, in die der fertig verblasene und desoxydierte Bessemer-Stahl abgestochen wurde. Die Zugabe des Ca-Al war infolge des geringen spez. Gewichtes der Legierung mit Schwierigkeiten verbunden. Die Vorlegierung wurde in Blechbüchsen eingefüllt und mit Stangen in das Bad eingetaucht. Nach dem Aufschmelzen der Büchsen schwammen die Stücke der Ca-Al-Legierung an der Oberfläche und umkrusteten schnell, so daß die Auflösung in der Schmelze nicht mehr möglich war.

Versuchsprogramm

Schmelze A . . . . . ohne Legierungszugabe,
Schmelze F_1 . . . . . 2,0 % Mg-Al (9 : 91) vor dem Blasen,
1,0 % Mg-Al (9 : 91) nach dem Blasen,
Schmelze F_2 . . . . . 3,0 % Mg-Al (9 : 91) vor dem Blasen,
1,5 % Mg-Al (9 : 91) nach dem Blasen,
Schmelze G . . . . 1,0 % Ca-Al (50: 50) vor dem Blasen,
0,5 % Ca-Al (50: 50) nach dem Blasen.

Sowohl die Ergebnisse des statischen Zerreißversuches als auch die der Kerbschlagzähigkeit bei Raumtemperatur und tiefen Temperaturen lassen bei den behandelten Materialien keine Verbesserung erkennen. Die Schmelzen F_1 und F_2 weisen zudem eine verhältnismäßig niedrige Dehnung und Einschnürung auf, was wohl auf den Einfluß des Aluminiums zurückzuführen ist. Auch die Kerbschlagzähigkeit der Schmelze F_1 liegt noch unter

Tabelle 14

Ergebnisse des statischen Zerreißversuches

Schmelze	Behandlung	σ_{zS} (kg/mm²)	σ_{zB} (kg/mm²)	δ (%)	ψ (%)	HB (kg/mm²)
A	ohne Magnesiumzugabe	28,9	47,7	21,8	30,9	144
F_1	2,0 % Mg-Al v.d.Blasen 1,0 % Mg-Al n.d.Blasen	30,2	48,3	9,6	10,5	145
F_2	3,0 % Mg-Al v.d.Blasen 1,5 % Mg-Al n.d.Blasen	32,3	51,3	11,9	13,8	159
G	1,0 % Ca-Al v.d.Blasen 0,5 % Ca-Al n.d.Blasen+)	33,8	51,7	19,6	27,7	160

+) unvollständige Aufnahme durch das Bad

Tabelle 15

Ergebnisse der Kerbschlagzähigkeit bei Raumtemperatur und tiefen Temperaturen

Kerbschlagzähigkeit (mkg/cm²)

Temperatur	+ 20	0	- 10	- 20	- 40	- 60	- 70
Schmelze A							
Wanddicke 40 mm	4,8	3,6	2,6	2,2	0,7	0,5	-
Wanddicke 80 mm	3,6	3,7	0,8	0,6	0,3	0,3	0,2
Wanddicke 120 mm	4,2	3,5	2,7	0,9	0,3	0,4	0,2
Schmelze F_1							
Wanddicke 40 mm	1,3	0,8	0,9	0,7	0,5	0,4	0,4
Wanddicke 80 mm	2,1	1,6	1,4	0,8	0,7	0,4	0,4
Wanddicke 120 mm	2,6	2,8	1,6	1,3	0,5	0,4	0,4
Schmelze F_2							
Wanddicke 40 mm	3,7	2,3	1,4	0,9	0,7	0,3	0,4
Wanddicke 80 mm	1,4	1,1	0,8	0,7	0,5	0,4	0,4
Wanddicke 120 mm	2,8	1,2	0,5	0,9	0,6	0,3	0,3

Fortsetzung Tabelle 15

Ergebnisse der Kerbschlagzähigkeit bei Raumtemperatur
und tiefen Temperaturen

Kerbschlagzähigkeit (mkg/cm^2)

Temperatur	+ 20	0	- 10	- 20	- 40	- 60	- 70
Schmelze G							
Wanddicke 40 mm	4,7	3,3	3,0	3,6	1,1	0,4	0,3
Wanddicke 80 mm	4,4	3,8	3,3	3,3	0,7	0,5	0,5
Wanddicke 120 mm	4,3	3,8	3,1	1,8	0,6	0,5	0,4

den Werten der zu Vergleichszwecken dienenden Schmelze A. Durch den mit der Vorlegierung eingebrachten hohen Aluminiumgehalt und dem damit verbundenen Anstieg der Viskosität konnten wahrscheinlich die Entschwefelungsprodukte nicht schnell genug aus der Schmelze aufsteigen. Diese Annahme wird durch die Ergebnisse der chemischen Untersuchung bestätigt. Es zeigte sich, daß durch keinen der verwendeten Legierungstypen eine Entschwefelung eingetreten ist. Die von den verschiedenen Wandstärken angefertigten Baumannabzüge ließen über den ganzen Querschnitt starke Schwefelseigerungen erkennen, die auf eine erhöhte Viskosität der Schmelze bzw. zu kurze Abstehzeiten zurückzuführen sind.

Zusammenfassung

In der vorliegenden Arbeit wurde der Einfluß einer Magnesiumbehandlung auf die mechanischen Eigenschaften und die Entschwefelung von Stahl, insbesondere von Bessemer-Stahl untersucht. Es konnte festgestellt werden, daß von den verwendeten Vorlegierungen der Legierungstyp Mg-Ni (15 : 85) eine im Reaktionsablauf ungefährliche Behandlung des erschmolzenen Stahls gestattete. Die dabei auftretenden Eigenschaftsverbesserungen bezogen sich im wesentlichen auf die beträchtliche Erhöhung der Kerbschlagzähigkeit bei Raumtemperatur und auf die Verschiebung des Steilabfalls der Kerbschlagzähigkeit zu tieferen Temperaturbereichen. Gleichzeitig trat eine von der Legierungsmenge abhängige Entschwefelung ein, die dann am größten war, wenn die Magnesiumbehandlung an dem Rinneneisen dem Frischprozeß vorgeschaltet wurde.

Tabelle 16

Ergebnisse der chemischen Untersuchung

Schmelze	Behandlung	C (%)	Si (%)	Mn (%)	P (%)	S (%)	Mg (%)
F_1	Rinneneisen	3,28	0,94	0,81	0,050	0,085	0,0006
	2,0 % Mg-Al v.d.Blasen	3,16	0,87	0,67	0,055	0,051	0,0110
	nach dem Blasen	0,20	0,08	1,13	0,066	0,032	0,0004
	1,0 % Mg-Al	0,21	0,45	0,08	0,073	0,042	0,0042
F_2	Rinneneisen	2,68	0,71	0,45	0,078	0,075	0,0008
	3 % Mg-Al v.d.Blasen	2,72	0,84	0,61	0,077	0,062	0,012
	nach dem Blasen	0,21	0,08	0,84	0,074	0,037	0,013[x]
	1,5 % Mg-Al	0,19	0,71	0,90	0,071	0,039	0,005
G	Rinneneisen	2,78	1,18	0,71	0,069	0,082	--
	1,0 % Ca-Al v.d.Blasen	2,84	1,12	0,64	0,075	0,041	--
	nach dem Blasen	0,21	0,05	1,18	0,079	0,066	--
	0,5 % Ca-Al	0,19	0,63	2,07	0,073	0,064	

[x] Es ist anzunehmen, daß die Analyse für Magnesium mit dem letzten Wert der zweiten Magnesiumzugabe vertauscht worden ist.

Die in einem Trommelkonverter (Magnesiumdampf-Konverter) durchgeführte Behandlung des fertig verblasenen Bessemer-Stahls mit steigenden Mengen an Reinmagnesium führte ebenfalls zu einer Verbesserung der Zähigkeitseigenschaften. Bedingt durch die hohen Badtemperaturen und den dadurch auftretenden großen Magnesiumsabbrand war der Entschwefelungsgrad niedriger als bei einer dem Frischprozeß vorgeschalteten Magnesiumbehandlung des Rinneneisens.

Eine Magnesiumbehandlung während des Frischprozesses durch Einblasen von feinkörnigem 15-%igen Mg-Fe-Si in das Düsenrohr des Konverters, brachte eine geringe Verbesserung der Kerbschlagzähigkeit und eine unbedeutende Entschwefelung.

Die Zugabe von Mg-Al (9 : 91) und Ca-Al (50 : 50) vor und nach dem Blasen erwies sich für die mechanischen Eigenschaften der behandelten Schmelze infolge der durch die Vorlegierung eingebrachten hohen Aluminiumgehalte im Stahl als nachteilig. Eine nennenswerte Entschwefelung durch diese Legierungstypen konnte nicht festgestellt werden.

Zur Durchführung dieser Arbeit standen Mittel seitens des Ministeriums für Wirtschaft und Verkehr des Landes Nordrhein-Westfalen und der Deutschen Forschungsgemeinschaft zur Verfügung, wofür an dieser Stelle herzlich gedankt sei.

        Prof. Dr.-Ing. habil. Eugen PIWOWARSKI †
        Prof. Dr.-Ing. Wilhelm PATTERSON
        Dipl.-Ing. Friedrich Wilhelm ISKE
        Gießerei-Institut der Technischen Hochschule Aachen

Literaturverzeichnis

(1) STEIN, H. und K. ROESCH — Gießerei 36 (1949), Seite 106/110

(2) NIEDENTHAL, A. und H. BENNEK — Archiv für Eisenhüttenwesen (1933/1934), Bd. 7, Seite 683/686

(3) HOUDREMONT, E.D. — Handbuch der Sonderstahlkunde, Verlag Springer, Berlin (1943), Seite 202

(4) DONOHO, C.K. — Amer.Foundrym. (1949), Febr., Seite 30/37

(5) REHDER, J.E. — Amer.Foundrym. (1949), Sept., Seite 33/37

(6) PIWOWARSKY, E. — Gußeisen, Verlag Springer, Berlin (1951), Seite 231

(7) STAUFFER, W. und E. STÄHLIN — Diplom-Arbeit des Aachener Gießerei-Instituts, Nr. 133 (1953)

(8) ISKE, F.W. — Diplom-Arbeit des Aachener Gießerei-Instituts, Nr. 160 (1954)

(9) PIWOWARSKY, E. und W. PATTERSON — Patentanmeldung, Aktenzeichen P 92 VI/18b, DPA. München

(10) FLECKENSTEIN, W. — Diplom-Arbeit des Aachener Gießerei-Instituts, Nr. 114 (1952)

(11) SIEGMUND, J. und D. BUCHHOLZ — Diplom-Arbeit des Aachener Gießerei-Instituts, Nr. 150 (1954)

(12) HOUDREMONT, E.D. — Handbuch der Sonderstahlkunde, Verlag Springer, Berlin (1956), Bd. I, Seite 536

FORSCHUNGSBERICHTE DES WIRTSCHAFTS- UND VERKEHRSMINISTERIUMS NORDRHEIN-WESTFALEN

Herausgegeben von Staatssekretär Prof. Dr. h. c. Leo Brandt

HEFT 1
Prof. Dr.-Ing. E. Flegler, Aachen
Untersuchungen oxydischer Ferromagnet-Werkstoffe
1952, 20 Seiten, DM 6,75

HEFT 2
Prof. Dr. W. Fuchs, Aachen
Untersuchungen über absatzfreie Teeröle
1952, 32 Seiten, 5 Abb., 6 Tabellen, DM 10,—

HEFT 3
Techn.-Wissenschaftl. Büro für die Bastfaserindustrie, Bielefeld
Untersuchungsarbeiten zur Verbesserung des Leinenwebstuhls
1952, 44 Seiten, 7 Abb., 3 Tabellen, DM 12,50

HEFT 4
Prof. Dr. E. A. Müller und Dipl.-Ing. H. Spitzer, Dortmund
Untersuchungen über die Hitzebelastung in Hüttenbetrieben
1952, 28 Seiten, 5 Abb., 1 Tabelle, DM 9,—

HEFT 5
Dipl.-Ing. W. Fister, Aachen
Prüfstand der Turbinenuntersuchungen
1952, 40 Seiten, 30 Abb., 3 Schaltbilder, DM 1,—

HEFT 6
Prof. Dr. W. Fuchs, Aachen
Untersuchungen über die Zusammensetzung und Verwendbarkeit von Schwelteerfraktionen
1952, 36 Seiten, DM 10,50

HEFT 7
Prof. Dr. W. Fuchs, Aachen
Untersuchungen über emsländisches Petrolatum
1952, 36 Seiten, 1 Abb., 17 Tabellen, DM 10,50

HEFT 8
M. E. Meffert und H. Stratmann, Essen
Algen-Großkulturen im Sommer 1951
1953, 52 Seiten, 4 Abb., 20 Tabellen, DM 9,75

HEFT 9
Techn.-Wissenschaftl. Büro für die Bastfaserindustrie, Bielefeld
Untersuchungen über die zweckmäßige Wicklungsart von Leinengarnkreuzspulen unter Berücksichtigung der Anwendung hoher Geschwindigkeiten des Garnes
Vorversuche für Zetteln und Schären von Leinengarnen auf Hochleistungsmaschinen
1952, 48 Seiten, 7 Abb., 7 Tabellen, DM 9,25

HEFT 10
Prof. Dr. W. Vogel, Köln
„Das Streifenpaar" als neues System zur mechanischen Vergrößerung kleiner Verschiebungen und seine technischen Anwendungsmöglichkeiten
1953, 20 Seiten, 6 Abb., DM 4,50

HEFT 11
Laboratorium für Werkzeugmaschinen und Betriebslehre, Technische Hochschule Aachen
1. Untersuchungen über Metallbearbeitung im Fräsvorgang mit Hartmetallwerkzeugen und negativem Spanwinkel
2. Weiterentwicklung des Schleifverfahrens für die Herstellung von Präzisionswerkstücken unter Vermeidung hoher Temperaturen
3. Untersuchung von Oberflächenveredlungsverfahren zur Steigerung der Belastbarkeit hochbeanspruchter Bauteile
1953, 80 Seiten, 61 Abb., DM 15,75

HEFT 12
Elektrowärme-Institut, Langenberg (Rhld.)
Induktive Erwärmung mit Netzfrequenz
1952, 22 Seiten, 6 Abb., DM 5,20

HEFT 13
Techn.-Wissenschaftl. Büro für die Bastfaserindustrie, Bielefeld
Das Naßspinnen von Bastfasergarnen mit chemischen Zusätzen zum Spinnbad
1953, 52 Seiten, 4 Abb., 19 Tabellen, DM 10,—

HEFT 14
Forschungsstelle für Acetylen, Dortmund
Untersuchungen über Aceton als Lösungsmittel für Acetylen
1952, 64 Seiten, 10 Abb., 26 Tabellen, DM 12,25

HEFT 15
Wäschereiforschung Krefeld
Trocknen von Wäschestoffen
1953, 48 Seiten, 14 Abb., 2 Tabellen, DM 9,—

HEFT 16
Max-Planck-Institut für Kohlenforschung, Mülheim a. d. Ruhr
Arbeiten des MPI für Kohlenforschung
1953, 104 Seiten, 9 Abb., DM 17,80

HEFT 17
Ingenieurbüro Herbert Stein, M.-Gladbach
Untersuchung der Verzugsvorgänge in den Streckwerken verschiedener Spinnereimaschinen. 1. Bericht: Vergleichende Prüfung mit verschiedenen Dickenmeßgeräten
1952, 36 Seiten, 15 Abb., DM 8,—

HEFT 18
Wäschereiforschung Krefeld
Grundlagen zur Erfassung der chemischen Schädigung beim Waschen
1953, 68 Seiten, 15 Abb., 15 Tabellen, DM 12,75

HEFT 19
Techn.-Wissenschaftl. Büro für die Bastfaserindustrie, Bielefeld
Die Auswirkung des Schlichtens von Leinengarnketten auf den Verarbeitungswirkungsgrad, sowie die Festigkeit und Dehnungsverhältnisse der Garne und Gewebe
1953, 48 Seiten, 1 Abb., 9 Tabellen, DM 9,—

HEFT 20
Techn.-Wissenschaftl. Büro für die Bastfaserindustrie, Bielefeld
Trocknung von Leinengarnen I
Vorgang und Einwirkung auf die Garnqualität
1953, 62 Seiten, 18 Abb., 5 Tabellen, DM 12,—

HEFT 21
Techn.-Wissenschaftl. Büro für die Bastfaserindustrie, Bielefeld
Trocknung von Leinengarnen II
Spulenanordnung und Luftführung beim Trocknen von Kreuzspulen
1953, 66 Seiten, 22 Abb., 9 Tabellen, DM 13,—

HEFT 22
Techn.-Wissenschaftl. Büro für die Bastfaserindustrie, Bielefeld
Die Reparaturanfälligkeit von Webstühlen
1953, 28 Seiten, 7 Abb., 5 Tabellen, DM 5,80

HEFT 23
Institut für Starkstromtechnik, Aachen
Rechnerische und experimentelle Untersuchungen zur Kenntnis der Metadyne als Umformer von konstanter Spannung auf konstanten Strom
1953, 52 Seiten, 20 Abb., 4 Tafeln, DM 9,75

HEFT 24
Institut für Starkstromtechnik, Aachen
Vergleich verschiedener Generator-Metadyne-Schaltungen in bezug auf statisches Verhalten
1952, 44 Seiten, 23 Abb., DM 8,50

HEFT 25
Gesellschaft für Kohlentechnik mbH., Dortmund-Eving
Struktur der Steinkohlen und Steinkohlen-Kokse
1953, 58 Seiten, DM 11,—

HEFT 26
Techn.-Wissenschaftl. Büro für die Bastfaserindustrie, Bielefeld
Vergleichende Untersuchungen zweier neuzeitlicher Ungleichmäßigkeitsprüfer für Bänder und Garne hinsichtlich ihrer Eignung für die Bastfaserspinnerei
1953, 64 Seiten, 30 Abb., DM 12,50

HEFT 27
Prof. Dr. E. Schratz, Münster
Untersuchungen zur Rentabilität des Arzneipflanzenanbaues Römische Kamille, Anthemis nobilis L.
1953, 16 Seiten, 1 Tabelle, DM 3,60

HEFT 28
Prof. Dr. E. Schratz, Münster
Calendula officinalis L. Studien zur Ernährung, Blütenfüllung und Rentabilität der Drogengewinnung
1953, 24 Seiten, 2 Abb., 3 Tabellen, DM 5,20

HEFT 29
Techn.-Wissenschaftl. Büro für die Bastfaserindustrie, Bielefeld
Die Ausnützung der Leinengarne in Geweben
1953, 100 Seiten, 14 Abb., 10 Tabellen, DM 17,80

HEFT 30
Gesellschaft für Kohlentechnik mbH., Dortmund-Eving
Kombinierte Entaschung und Verschwelung von Steinkohle; Aufarbeitung von Steinkohlenschlämmen zu verkokbarer oder verschwelbarer Kohle
1953, 56 Seiten, 16 Abb., 10 Tabellen, DM 10,50

HEFT 31
Dipl.-Ing. A. Stormanns, Essen
Messung des Leistungsbedarfs von Doppelsteg-Kettenförderern
1954, 54 Seiten, 18 Abb., 3 Anlagen, DM 11,—

HEFT 32
Techn.-Wissenschaftl. Büro für die Bastfaserindustrie, Bielefeld
Der Einfluß der Natriumchloridbleiche auf Qualität und Verwebbarkeit von Leinengarnen und die Eigenschaften der Leinengewebe unter besonderer Berücksichtigung des Einsatzes von Schützen- und Spulenwechselautomaten in der Leinenweberei
1953, 64 Seiten, 2 Abb., 12 Tabellen, DM 11,50

HEFT 33
Kohlenstoffbiologische Forschungsstation e. V.
Eine Methode zur Bestimmung von Schwefeldioxyd und Schwefelwasserstoff in Rauchgasen und in der Atmosphäre
1953, 32 Seiten, 8 Abb., 3 Tabellen, DM 6,50

HEFT 34
Textilforschungsanstalt Krefeld
Quellungs- und Entquellungsvorgänge bei Faserstoffen
1953, 52 Seiten, 13 Abb., 13 Tabellen, DM 9,80

WESTDEUTSCHER VERLAG · KÖLN UND OPLADEN

HEFT 35
Professor Dr. W. Kast, Krefeld
Feinstrukturuntersuchungen an künstlichen Zellulosefasern verschiedener Herstellungsverfahren. Teil I: Der Orientierungszustand
1953, 74 Seiten, 30 Abb., 7 Tabellen, DM 13,80

HEFT 36
Forschungsinstitut der feuerfesten Industrie, Bonn
Untersuchungen über die Trocknung von Rohton
Untersuchungen über die chemische Reinigung von Silika- und Schamotte-Rohstoffen mit chlorhaltigen Gasen
1953, 60 Seiten, 5 Abb., 5 Tabellen, DM 11,—

HEFT 37
Forschungsinstitut der feuerfesten Industrie, Bonn
Untersuchungen über den Einfluß der Probenvorbereitung auf die Kaltdruckfestigkeit feuerfester Steine
1953, 40 Seiten, 2 Abb., 5 Tabellen, DM 7,80

HEFT 38
Forschungsstelle für Acetylen, Dortmund
Untersuchungen über die Trocknung von Acetylen zur Herstellung von Dissousgas
1953, 36 Seiten, 11 Abb., 3 Tabellen, DM 6,80

HEFT 39
Forschungsgesellschaft Blechverarbeitung e. V., Düsseldorf
Untersuchungen an prägegemusterten und vorgelochten Blechen
1953, 46 Seiten, 34 Abb., DM 9,50

HEFT 40
Landesgeologe Dr.-Ing. W. Wolff, Amt für Bodenforschung, Krefeld
Untersuchungen über die Anwendbarkeit geophysikalischer Verfahren zur Untersuchung von Spateisengängen im Siegerland
1953, 46 Seiten, 8 Abb., DM 8,80

HEFT 41
Techn.-Wissenschaftl. Büro für die Bastfaserindustrie, Bielefeld
Untersuchungsarbeiten zur Verbesserung des Leinenwebstuhles II
1953, 40 Seiten, 4 Abb., 5 Tabellen, DM 7,80

HEFT 42
Professor Dr. B. Helferich, Bonn
Untersuchungen über Wirkstoffe — Fermente — in der Kartoffel und die Möglichkeit ihrer Verwendung
1953, 58 Seiten, 9 Abb., DM 11,—

HEFT 43
Forschungsgesellschaft Blechverarbeitung e. V., Düsseldorf
Forschungsergebnisse über das Beizen von Blechen
1953, 48 Seiten, 38 Abb., 2 Tabellen, DM 11,30

HEFT 44
Arbeitsgemeinschaft für praktische Dehnungsmessung, Düsseldorf
Eigenschaften und Anwendungen von Dehnungsmeßstreifen
1953, 68 Seiten, 43 Abb., 2 Tabellen, DM 13,70

HEFT 45
Losenhausenwerk Düsseldorfer Maschinenbau AG., Düsseldorf
Untersuchungen von störenden Einflüssen auf die Lastgrenzenanzeige von Dauerschwingprüfmaschinen
1953, 36 Seiten, 11 Abb., 3 Tabellen, DM 7,25

HEFT 46
Prof. Dr. W. Fuchs, Aachen
Untersuchungen über die Aufbereitung von Wasser für die Dampferzeugung in Benson-Kesseln
1953, 58 Seiten, 18 Abb., 9 Tabellen, DM 11,20

HEFT 47
Prof. Dr.-Ing. K. Krekeler, Aachen
Versuche über die Anwendung der induktiven Erwärmung zum Sintern von hochschmelzenden Metallen sowie zur Anlegierung und Vergütung von aufgespritzten Metallschichten mit dem Grundwerkstoff
1954, 66 Seiten, 39 Abb., DM 13,90

HEFT 48
Max-Planck-Institut für Eisenforschung, Düsseldorf
Spektrochemische Analyse der Gefügebestandteile in Stählen nach ihrer Isolierung
1953, 38 Seiten, 8 Abb., 5 Tabellen, DM 7,80

HEFT 49
Max-Planck-Institut für Eisenforschung, Düsseldorf
Untersuchungen über den Ablauf der Desoxydation und die Bildung von Einschlüssen in Stählen
1953, 52 Seiten, 19 Abb., 3 Tabellen, DM 12,40

HEFT 50
Max-Planck-Institut für Eisenforschung, Düsseldorf
Flammspektralanalytische Untersuchung der Ferritzusammensetzung in Stählen
1953, 44 Seiten, 15 Abb., 4 Tabellen, DM 8,60

HEFT 51
Verein zur Förderung von Forschungs- und Entwicklungsarbeiten in der Werkzeugindustrie e. V., Remscheid
Untersuchungen an Kreissägeblättern für Holz, Fehler- und Spannungsprüfverfahren
1953, 50 Seiten, 23 Abb., DM 10,—

HEFT 52
Forschungsstelle für Acetylen, Dortmund
Untersuchungen über den Umsatz bei der explosiblen Zersetzung von Azetylen
  a) Zersetzung von gasförmigem Azetylen
  b) Zersetzung von an Silikagel absorbiertem Azetylen
1954, 48 Seiten, 8 Abb., 10 Tabellen, DM 9,25

HEFT 53
Professor Dr.-Ing. H. Opitz, Aachen
Reibwert und Verschleißmessungen an Kunststoffgleitführungen für Werkzeugmaschinen
1954, 38 Seiten, 18 Abb., DM 8,20

HEFT 54
Professor Dr.-Ing. F. A. F. Schmidt, Aachen
Schaffung von Grundlagen für die Erhöhung der spez. Leistung und Herabsetzung des spez. Brennstoffverbrauches bei Ottomotoren mit Teilbericht über Arbeiten an einem neuen Einspritzverfahren
1954, 34 Seiten, 15 Abb., DM 7,40

HEFT 55
Forschungsgesellschaft Blechverarbeitung e. V., Düsseldorf
Chemisches Glänzen von Messing und Neusilber
1954, 50 Seiten, 21 Abb., 1 Tabelle, DM 10,20

HEFT 56
Forschungsgesellschaft Blechverarbeitung e. V., Düsseldorf
Untersuchungen über einige Probleme der Behandlung von Blechoberflächen
1954, 52 Seiten, 42 Abb., DM 11,20

HEFT 57
Prof. Dr.-Ing. F. A. F. Schmidt, Aachen
Untersuchungen zur Erforschung des Einflusses des chemischen Aufbaues des Kraftstoffes auf sein Verhalten im Motor und in Brennkammern von Gasturbinen
1954, 70 Seiten, 32 Abb., DM 14,60

HEFT 58
Gesellschaft für Kohlentechnik mbH., Dortmund
Herstellung und Untersuchung von Steinkohlenschwelteer
1954, 74 Seiten, 9 Abb., 9 Tabellen, DM 13,75

HEFT 59
Forschungsinstitut der Feuerfest-Industrie e. V., Bonn
Ein Schnellanalysenverfahren zur Bestimmung von Aluminiumoxyd, Eisenoxyd und Titanoxyd in feuerfestem Material mittels organischer Farbreagenzien auf photometrischem Wege
Untersuchungen des Alkali-Gehaltes feuerfester Stoffe mit dem Flammenphotometer nach Riehm-Lange
1954, 62 Seiten, 12 Abb., 3 Tabellen, DM 11,60

HEFT 60
Forschungsgesellschaft Blechverarbeitung e. V., Düsseldorf
Untersuchungen über das Spritzlackieren im elektrostatischen Hochspannungsfeld
1954, 82 Seiten, 53 Abb., 7 Tabellen, DM 17,—

HEFT 61
Verein zur Förderung von Forschungs- und Entwicklungsarbeiten in der Werkzeugindustrie e. V., Remscheid
Schwingungs- und Arbeitsverhalten von Kreissägeblättern für Holz
1954, 54 Seiten, 31 Abb., DM 11,40

HEFT 62
Professor Dr. W. Franz, Institut für theoretische Physik der Universität Münster
Berechnung des elektrischen Durchschlags durch feste und flüssige Isolatoren
1954, 36 Seiten, DM 7,—

HEFT 63
Textilforschungsanstalt Krefeld
Neue Methoden zur Untersuchung der Wirkungsweise von Textilhilfsmitteln
Untersuchungen über Schlichtungs- und Entschlichtungsvorgänge
1954, 34 Seiten, 1 Abb., 5 Tabellen, DM 6,80

HEFT 64
Textilforschungsanstalt Krefeld
Die Kettenlängenverteilung von hochpolymeren Faserstoffen
Über die fraktionierte Fällung von Polyamiden
1954, 44 Seiten, 13 Abb., DM 8,60

HEFT 65
Fachverband Schneidwarenindustrie, Solingen
Untersuchungen über das elektrolytische Polieren von Tafelmesserklingen aus rostfreiem Stahl
1954, 90 Seiten, 38 Abb., 9 Tabellen, DM 17,35

HEFT 66
Dr.-Ing. P. Füsgen VDI †, Düsseldorf
Untersuchungen über das Auftreten des Ratterns bei selbsthemmenden Schneckengetrieben und seine Verhütung
1954, 32 Seiten, 5 Abb., DM 6,60

HEFT 67
Heinrich Wösthoff o. H. G., Apparatebau, Bochum
Entwicklung einer chemisch-physikalischen Apparatur zur Bestimmung kleinster Kohlenoxyd-Konzentrationen
1954, 94 Seiten, 48 Abb., 2 Tabellen, DM 18,25

HEFT 68
Kohlenstoffbiologische Forschungsstation e. V., Essen
Algengroßkulturen im Sommer 1952
II. Über die unsterile Großkultur von Scenedesmus obliquus
1954, 62 Seiten, 3 Abb., 29 Tabellen, DM 11,40

HEFT 69
Wäschereiforschung Krefeld
Bestimmung des Faserabbaues bei Leinen unter besonderer Berücksichtigung der Leinengarnbleiche
1954, 48 Seiten, 15 Abb., 3 Tabellen, DM 9,60

HEFT 70
Wäschereiforschung Krefeld
Trocknen von Wäschestoffen
1954, 52 Seiten, 18 Abb., 3 Tabellen, DM 10,—

HEFT 71
Prof. Dr.-Ing. K. Leist, Aachen
Kleingasturbinen, insbesondere zum Fahrzeugantrieb
1954, 114 Seiten, 85 Abb., DM 22,—

HEFT 72
Prof. Dr.-Ing. K. Leist, Aachen
Beitrag zur Untersuchung von stehenden geraden Turbinengittern mit Hilfe von Druckverteilungsmessungen
1954, 152 Seiten, 111 Abb., DM 36,20

HEFT 73
Prof. Dr.-Ing. K. Leist, Aachen
Spannungsoptische Untersuchungen von Turbinenschaufelfüßen
1954, 66 Seiten, 46 Abb., 2 Tabellen, DM 14,60

HEFT 74
Max-Planck-Institut für Eisenforschung, Düsseldorf
Versuche zur Klärung des Umwandlungsverhaltens eines sonderkarbidbildenden Chromstahls
1954, 58 Seiten, 10 Abb., DM 14,—

HEFT 75
Max-Planck-Institut für Eisenforschung, Düsseldorf
Zeit-Temperatur-Umwandlungs-Schaubilder als Grundlage der Wärmebehandlung der Stähle
1954, 44 Seiten, 13 Abb., DM 8,70

HEFT 76
Max-Planck-Institut für Arbeitsphysiologie, Dortmund
Arbeitstechnische und arbeitsphysiologische Rationalisierung von Mauersteinen
1954, 52 Seiten, 12 Abb., 3 Tabellen, DM 10,20

HEFT 77
Meteor Apparatebau Paul Schmeck GmbH., Siegen
Entwicklung von Leuchtstoffröhren hoher Leistung
1954, 46 Seiten, 12 Abb., 2 Tabellen, DM 9,15

HEFT 78
Forschungsstelle für Acetylen, Dortmund
Über die Zustandsgleichung des gasförmigen Acetylens und das Gleichgewicht Acetylen — Aceton
1954, 42 Seiten, 3 Abb., 8 Tabellen, DM 8,—

HEFT 79
Techn.-Wissenschaftl. Büro für die Bastfaserindustrie, Bielefeld
Trocknung von Leinengarnen III
Spinnspulen- und Spinnkopstrocknung
Vorgang und Einwirkung auf die Garnqualität
1954, 74 Seiten, 18 Abb., 10 Tabellen, DM 14,—

WESTDEUTSCHER VERLAG · KÖLN UND OPLADEN

HEFT 80
Techn.-Wissenschaftl. Büro für die Bastfaserindustrie, Bielefeld
Die Verarbeitung von Leinengarn auf Webstühlen mit und ohne Oberbau
1954, 30 Seiten, 2 Abb., 2 Tabellen, DM 6,—

HEFT 81
Prüf- und Forschungsinstitut für Ziegeleierzeugnisse, Essen-Kray
Die Einführung des großformatigen Einheits-Gitterziegels im Lande Nordrhein-Westfalen
1954, 54 Seiten, 2 Abb., 2 Tabellen, DM 10,—

HEFT 82
Vereinigte Aluminium-Werke AG., Bonn
Forschungsarbeiten auf dem Gebiet der Veredelung von Aluminium-Oberflächen
1954, 46 Seiten, 34 Abb., DM 9,60

HEFT 83
Prof. Dr. S. Strugger, Münster
Über die Struktur der Proplastiden
1954, 30 Seiten, 15 Abb., DM 8,40

HEFT 84
Dr. H. Baron, Düsseldorf
Über Standardisierung von Wundtextilien
1954, 32 Seiten, DM 6,40

HEFT 85
Textilforschungsanstalt Krefeld
Physikalische Untersuchungen an Fasern, Fäden, Garnen und Geweben:
Untersuchungen am Knickscheuergerät nach Weltzien
1954, 40 Seiten, 11 Abb., 8 Tabellen, DM 10,—

HEFT 86
Prof. Dr.-Ing. H. Opitz, Aachen
Untersuchungen über das Fräsen von Baustahl sowie über den Einfluß des Gefüges auf die Zerspanbarkeit
1954, 108 Seiten, 73 Abb., 7 Tabellen, DM 22,—

HEFT 87
Gemeinschaftsausschuß Verzinken, Düsseldorf
Untersuchungen über Güte von Verzinkungen
1954, 68 Seiten, 56 Abb., 3 Tabellen, DM 15,30

HEFT 88
Gesellschaft für Kohlentechnik mbH., Dortmund-Eving
Oxydation von Steinkohle mit Salpetersäure
1954, 62 Seiten, 2 Abb., 1 Tabelle, DM 11,50

HEFT 89
Verein Deutscher Ingenieure, Gleitlagerforschung, Düsseldorf und Prof. Dr.-Ing. G. Vogelpohl, Göttingen
Versuche mit Preßstoff-Lagern für Walzwerke
1954, 70 Seiten, 34 Abb., DM 14,10

HEFT 90
Forschungs-Institut der Feuerfest-Industrie, Bonn
Das Verhalten von Silikasteinen im Siemens-Martin-Ofengewölbe
1954, 62 Seiten, 15 Abb., 11 Tabellen, DM 11,90

HEFT 91
Forschungs-Institut der Feuerfest-Industrie, Bonn
Untersuchung des Zusammenhangs zwischen Leistung und Kohlenverbrauch von Kammeröfen zum Brennen von feuerfesten Materialien
1954, 42 Seiten, 6 Abb., DM 8,30

HEFT 92
*Techn.-Wissenschaftl. Büro für die Bastfaserindustrie, Bielefeld
und Laboratorium für textile Meßtechnik, M.-Gladbach*
Messungen von Vorgängen am Webstuhl
1954, 76 Seiten, 45 Abb., DM 15,50

HEFT 93
Prof. Dr. W. Kast, Krefeld
Spinnversuche zur Strukturerfassung künstlicher Zellulosefasern
1954, 82 Seiten, 39 Abb., 6 Tabellen, DM 16,—

HEFT 94
Prof. Dr. G. Winter, Bonn
Die Heilpflanzen des MATTHIOLUS (1611) gegen Infektionen der Harnwege und Verunreinigung der Wunden bzw. zur Förderung der Wundheilung im Lichte der Antibiotikaforschung
1954, 58 Seiten, 1 Abb., 2 Tabellen, DM 11,50

HEFT 95
Prof. Dr. G. Winter, Bonn
Untersuchungen über die flüchtigen Antibiotika aus der Kapuziner- (Tropaeolum maius) und Gartenkresse (Lepidium sativum) und ihr Verhalten im menschlichen Körper bei Aufnahme von Kapuziner- bzw. Gartenkressensalat per os
1955, 74 Seiten, 9 Abb., 25 Tabellen, DM 14,—

HEFT 96
Dr.-Ing. P. Koch, Dortmund
Austritt von Exoelektronen aus Metalloberflächen unter Berücksichtigung der Verwendung des Effektes für die Materialprüfung
1954, 34 Seiten, 13 Abb., DM 7,—

HEFT 97
Ing. H. Stein, Laboratorium für textile Meßtechnik, M.-Gladbach
Untersuchung der Verzugsvorgänge an den Streckwerken verschiedener Spinnereimaschinen
2. Bericht: Ermittlung der Haft-Gleiteigenschaften von Faserbändern und Vorgarnen
1955, 98 Seiten, 54 Abb., DM 21,—

HEFT 98
Fachverband Gesenkschmieden, Hagen
Die Arbeitsgenauigkeit beim Gesenkschmieden unter Hämmern
1955, 132 Seiten, 55 Abb., 9 Tabellen, DM 24,75

HEFT 99
Prof. Dr.-Ing. G. Garbotz, Aachen
Der Kraft- und Arbeitsaufwand sowie die Leistungen beim Biegen von Bewehrungsstählen in Abhängigkeit von den Abmessungen, den Formen und der Güte der Stähle (Ermittlung von Leistungsrichtlinien)
1955, 136 Seiten, 53 Abb., 3 Anlagen, 18 Tabellen, DM 30,—

HEFT 100
Prof. Dr.-Ing. H. Opitz, Aachen
Untersuchungen von elektrischen Antrieben, Steuerungen und Regelungen an Werkzeugmaschinen
1955, 166 Seiten, 71 Abb., 3 Tabellen, DM 31,30

HEFT 101
Prof. Dr.-Ing. H. Opitz, Aachen
Wirtschaftlichkeitsbetrachtungen beim Außenrundschleifen
1955, 100 Seiten, 56 Abb., 3 Tabellen, DM 19,30

HEFT 102
Dr. P. Hölemann, Ing. R. Hasselmann und Ing. G. Dix, Dortmund
Untersuchungen über die thermische Zündung von explosiblen Acetylenzersetzungen in Kapillaren
1954, 44 Seiten, 5 Abb., 4 Tabellen, DM 8,60

HEFT 103
Prof. Dr. W. Weizel, Bonn
Durchführung von experimentellen Untersuchungen über den zeitlichen Ablauf von Funken in komprimierten Edelgasen sowie zu deren mathematischen Berechnung
1955, 46 Seiten, 12 Abb., DM 9,10

HEFT 104
Prof. Dr. W. Weizel, Bonn
Über den Einfluß der Elektroden auf die Eigenschaften von Cadmium-Sulfid-Widerstands-Photozellen
1955, 48 Seiten, 12 Abb., DM 9,45

HEFT 105
Dr.-Ing. R. Meldau, Harsewinkel/Westf.
Auswertung von Gekörn — Analysen des Musterstaubes „Flugasche Fortuna I"
1955, 42 Seiten, 14 Abb., DM 8,50

HEFT 106
ORR. Dr.-Ing. W. Küch, Dortmund
Untersuchungen über die Einwirkung von feuchtigkeitsgesättigter Luft auf die Festigkeit von Leimverbindungen
1954, 60 Seiten, 10 Abb., 6 Tabellen, DM 11,40

HEFT 107
Prof. Dr. H. Lange und Dipl.-Phys. P. St. Pütter, Köln
Über die Konstruktion von Laboratoriumsmagneten
1955, 66 Seiten, 19 Abb., 1 Tabelle, DM 12,30

HEFT 108
Prof. Dr. W. Fuchs, Aachen
Untersuchungen über neue Beizmethoden und Beizabwässer
I. Die Entzunderung von Drähten mit Natriumhydrid
II. Die Aufbereitung von Beizabwässern
1955, 82 S., 15 Abb., 14 Tabellen, 1 Falttafel, DM 15,25

HEFT 109
Dr. P. Hölemann und Ing. R. Hasselmann, Dortmund
Untersuchungen über die Löslichkeit von Azetylen in verschiedenen organischen Lösungsmitteln
1954, 42 Seiten, 10 Abb., 8 Tabellen, DM 8,30

HEFT 110
Dr. P. Hölemann und Ing. R. Hasselmann, Dortmund
Untersuchungen über den Druckverlauf bei der explosiblen Zersetzung von gasförmigem Azetylen
1955, 54 Seiten, 10 Abb., 5 Tabellen, DM 11,—

HEFT 111
Fachverband Steinzeugindustrie, Köln
Die Entwicklung eines Gerätes zur Beschickung seitlicher Feuer von Steinzeug-Einzelkammeröfen mit festen Brennstoffen
1955, 46 Seiten, 16 Abb., DM 9,40

HEFT 112
Prof. Dr.-Ing. H. Opitz, Aachen
Verschleißmessungen beim Drehen mit aktivierten Hartmetallwerkzeugen
1954, 44 Seiten, 17 Abb., 6 Tabellen, DM 8,80

HEFT 113
Prof. Dr. O. Graf, Dortmund
Erforschung der geistigen Ermüdung und nervösen Belastung: Studien über die vegetative 24-Stunden-Rhythmik in Ruhe und unter Belastung
1955, 40 Seiten, 12 Abb., DM 8,20

HEFT 114
Prof. Dr. O. Graf, Dortmund
Studien über Fließarbeitsprobleme an einer praxisnahen Experimentieranlage
1954, 34 Seiten, 6 Abb., DM 7,—

HEFT 115
Prof. Dr. O. Graf, Dortmund
Studium über Arbeitspausen in Betrieben bei freier und zeitgebundener Arbeit (Fließarbeit) und ihre Auswirkung auf die Leistungsfähigkeit
1955, 50 Seiten, 13 Abb., 2 Tabellen, DM 9,80

HEFT 116
Prof. Dr.-Ing. E. Siebel und Dr.-Ing. H. Weiss, Stuttgart
Untersuchungen an einigen Problemen des Tiefziehens — I. Teil
1955, 74 Seiten, 50 Abb., 5 Tabellen, DM 14,50

HEFT 117
Dr.-Ing. H. Beißwänger, Stuttgart, und Dr.-Ing. S. Schwandt, Trier
Untersuchungen an einigen Problemen des Tiefziehens — II. Teil
1955, 92 Seiten, 34 Abb., 8 Tabellen, DM 17,70

HEFT 118
Prof. Dr. E. A. Müller und Dr. H. G. Wenzel, Dortmund
Neuartige Klima-Anlage zur Erzeugung ungleicher Luft- und Strahlungstemperaturen in einem Versuchsraum
1955, 68 Seiten, 10 z. T. mehrfarb. Abb., DM 14,—

HEFT 119
Dr.-Ing. O. Viertel, Krefeld
Wäscherei- und energietechnische Untersuchung einer Gemeinschafts-Waschanlage
1955, 50 Seiten, 18 Abb., DM 10,20

HEFT 120
Dipl.-Ing. A. Weisbecker, Lüdenscheid
Über Anfressung an Reinstaluminium-Schweißnähten bei der elektrolytischen Oxydation
Gebr. Hörstermann GmbH., Velbert
Entwicklung und Erprobung eines neuartigen Gummibandförderers
1955, 46 Seiten, 18 Abb., DM 9,70

HEFT 121
Dr. H. Krebs, Bonn
I. Die Struktur und die Eigenschaften der Halbmetalle
II. Die Bestimmung der Atomverteilung in amorphen Substanzen
III. Die chemische Bindung in anorganischen Festkörpern und das Entstehen metallischer Eigenschaften
1955, 124 Seiten, 36 Abb., 13 Tabellen, DM 22,90

HEFT 122
Prof. Dr. W. Fuchs, Aachen
Untersuchungen zur Verbesserung der Wasseraufbereitung und Wasseranalyse:
Über die Schnellbewertung von Ionenaustauscher
1955, 62 Seiten, 32 Abb., DM 12,30

HEFT 123
Dipl.-Ing. J. Emondts, Aachen
Über Bodenverformungen bei stark gestörtem und mächtigem, wasserführendem Deckgebirge im Aachener Steinkohlengebiet
1955, 196 Seiten, 37 Abb., 10 Tabellen, DM 28,80

HEFT 124
Prof. Dr. R. Seyffert, Köln
Wege und Kosten der Distribution der Hausratwaren im Lande Nordrhein-Westfalen
1955, 74 Seiten, 25 Tabellen, DM 9,—

WESTDEUTSCHER VERLAG · KÖLN UND OPLADEN

HEFT 125
Prof. Dr. E. Kappler, Münster
Eine neue Methode zur Bestimmung von Kondensations-Koeffizienten von Wasser
1955, 46 Seiten, 11 Abb., 1 Tabelle, DM 9,10

HEFT 126
Prof. Dr.-Ing. J. Mathieu, Aachen
Arbeitszeitvergleich
Grundlagen, Methodik und praktische Durchführung
1955, 70 Seiten, DM 13,—

HEFT 127
Güteschutz Betonstein e. V., Arbeitskreis Nordrhein-Westfalen, Dortmund
Die Betonwaren-Gütesicherung im Lande Nordrhein-Westfalen
1955, 58 Seiten, 15 Abb., 3 Tabellen, DM 11,50

HEFT 128
Prof. Dr. O. Schmitz-DuMont, Bonn
Untersuchungen über Reaktionen in flüssigem Ammoniak
1955, 96 Seiten, 11 Abb., 6 Tabellen, DM 17,75

HEFT 129
Prof. Dr.-Ing. J. Mathieu und Dr. C. A. Roos, Aachen
Die Anlernung von Industriearbeitern
I. Ergebnisse einer grundsätzlichen Untersuchung der gegenwärtigen Industriearbeiter-Kurzanlernung
1955, 106 Seiten, DM 19,70

HEFT 130
Prof. Dr.-Ing. J. Mathieu und Dr. C. A. Roos, Aachen
Die Anlernung von Industriearbeitern
II. Beiträge zur Methodenfrage der Kurzanlernung
1955, 108 Seiten, DM 19,90

HEFT 131
Dr. W. Hoerburger, Köln
Versuche zur Biosynthese von Eiweiß aus Kohlenwasserstoff
1955, 34 Seiten, 2 Abb., DM 6,90

HEFT 132
Prof. Dr. W. Seith, Münster
Über Diffusionserscheinungen in festen Metallen
1955, 42 Seiten, 19 Abb., 4 Tabellen, DM 9,10

HEFT 133
Prof. Dr. E. Jenckel, Aachen
Über einen für Schwermetalle selektiven Ionenaustauscher
1955, 48 Seiten, 8 Abb., 13 Tabellen, DM 9,50

HEFT 134
Prof. Dr.-Ing. H. Winterhager, Aachen
Über die elektrochemischen Grundlagen der Schmelzfluß-Elektrolyse von Bleisulfid in geschmolzenen Mischungen mit Bleichlorid
1955, 54 Seiten, 20 Abb., 5 Tabellen, DM 11,80

HEFT 135
Prof. Dr.-Ing. K. Krekeler und Dr.-Ing. H. Peukert, Aachen
Die Änderung der mechanischen Eigenschaften thermoplastischer Kunststoffe durch Warmrecken
1955, 54 Seiten, 27 Abb., DM 11,10

HEFT 136
Dipl.-Phys. P. Pilz, Remscheid
Über spezielle Probleme der Zerkleinerungstechnik von Weichstoffen
1955, 58 Seiten, 19 Abb., 2 Tabellen, DM 11,50

HEFT 137
Prof. Dr. W. Baumeister, Münster
Beiträge zur Mineralstoffernährung der Pflanzen
1955, 64 Seiten, 6 Tabellen, DM 11,80

HEFT 138
Dr. P. Hölemann und Ing. R. Hasselmann, Dortmund
Untersuchungen über die Zersetzungswärme von gasförmigem und in Azeton gelöstem Azetylen
1955, 54 Seiten, 8 Abb., 7 Tabellen, DM 10,40

HEFT 139
Prof. Dr. W. Fuchs, Aachen
Studien über die thermische Zersetzung der Kohle und die Kohledestillatprodukte
1955, 64 Seiten, 20 Abb., 22 Tabellen, DM 11,80

HEFT 140
Dr.-Ing. G. Hausberg, Essen
Modellversuche an Zyklonen
1955, 78 Seiten, 24 Abb., DM 15,70

HEFT 141
Dr. J. van Calker und Dr. R. Wienecke, Münster
Untersuchungen über den Einfluß dritter Analysenpartner auf die spektrochemische Analyse
1955, 42 Seiten, 15 Abb., DM 9,10

HEFT 142
Dipl.-Ing. G. M. F. Wiebel, Hannover, A. Konermann und A. Ottenheym, Sennelager
Entwicklung eines Kalksandleichtsteines
1955, 38 Seiten, 4 Abb., DM 8,—

HEFT 143
Prof. Dr. F. Wever, Dr. A. Rose und Dipl.-Ing. W. Straßburg, Düsseldorf
Härtbarkeit und Umwandlungsverhalten der Stähle
1955, 50 Seiten, 12 Abb., 3 Tabellen, DM 10,70

HEFT 144
Prof. Dr. H. Wurmbach, Bonn
Steuerung von Wachstum und Formbildung
1955, 48 Seiten, 19 Abb., DM 10,30

HEFT 145
Dr. G. Hennemann, Werdohl (Westf.)
Beitrag zur Interpretation der modernen Atomphysik
1955, 34 Seiten, DM 10,—

HEFT 146
Dr.-Ing. F. Gruß, Düsseldorf
Sterilisation mit Heißluft
1955, 34 Seiten, 10 Abb., DM 7,70

HEFT 147
Dr.-Ing. W. Rudisch, Unna
Untersuchung einer drehelastischen Elektromagnet-Synchronkupplung
1955, 82 Seiten, 65 Abb., DM 17,70

HEFT 148
Prof. Dr. H. Bittel u. Dipl.-Phys. L. Storm, Münster
Untersuchungen über Widerstandsrauschen
1955, 40 Seiten, 5 Abb., DM 8,40

HEFT 149
Dipl.-Ing. K. Konopicky und Dipl.-Chem. P. Kampa, Bonn
I. Beitrag zur flammenphotometrischen Bestimmung des Calciums.
Dr.-Ing. K. Konopicky, Bonn
II. Die Wanderung von Schlackenbestandteilen in feuerfesten Baustoffen
1955, 54 Seiten, 10 Abb., 5 Tabellen, DM 11,—

HEFT 150
Prof. Dr.-Ing. O. Kienzle und Dipl.-Ing. W. Timmerbeil, Hannover
Das Durchziehen enger Kragen an ebenen Fein- und Mittelblechen
1955, 52 Seiten, 20 Abb., 8 Tabellen, DM 11,30

HEFT 151
Dipl.-Ing. P. Karabasch, Aachen
Feststellung des optimalen Gasgehaltes von Bronzen zur Erzielung druckdichter Gußstücke
1956, 64 Seiten, 31 Abb., 5 Tabellen, DM 13,90

HEFT 152
Dipl.-Ing. G. Müller, Köln
Ermittlung der Laufeigenschaften (Vergießbarkeit) von Bronze und Rotguß mittels der Schneider-Gießspirale
1955, 60 Seiten, 33 Abb., DM 13,30

HEFT 153
Prof. Dr. F. Wever, Dr.-Ing. W. A. Fischer und Dipl.-Ing. J. Engelbrecht, Düsseldorf
I. Die Reduktion sauerstoffhaltiger Eisenschmelzen im Hochvakuum mit Wasserstoff und Kohlenstoff
II. Einfluß geringer Sauerstoffgehalte auf das Gefüge und Alterungsverhalten von Reineisen
1955, 54 Seiten, 15 Abb., 2 Tabellen, DM 12,40

HEFT 154
Prof. Dr.-Ing. P. Bardenheuer und Dr.-Ing. W. A. Fischer, Düsseldorf
Die Verschlackung von Titan aus Stahlschmelzen im sauren und basischen Hochfrequenzofen unter verschiedenen Schlacken
1955, 36 Seiten, 10 Abb., 1 Tabelle, DM 7,95

HEFT 155
Dipl.-Phys. K. H. Schirmer, München
Die auf Grau abgestimmte Farbwiedergabe im Dreifarbenbuchdruck
1955, 46 Seiten, 17 Abb., 2 Farbtafeln, DM 10,—

HEFT 156
Prof. Dr.-Ing. B. von Borries und Mitarbeiter, Düsseldorf
Die Entwicklung regelbarer permanentmagnetischer Elektronenlinsen hoher Brechkraft und eines mit ihnen ausgerüsteten Elektronenmikroskopes neuer Bauart
1956, 102 Seiten, 52 Abb., DM 22,55

HEFT 157
Dr. W. Jawtusch, Dr. G. Schuster und Prof. Dr.-Ing. R. Jaeckel, Bonn
Untersuchungen über die Stoßvorgänge zwischen neutralen Atomen und Molekülen
1955, 48 Seiten, 15 Abb., 3 Tabellen, DM 10,50

HEFT 158
Dipl.-Ing. W. Rosenkranz, Meinerzhagen
Ein Beitrag zum Problem der Spannungskorrosion bei Preßprofilen und Preßteilen aus Aluminium-Legierungen
1956, 112 Seiten, 61 Abb., 5 Tabellen, DM 27,40

HEFT 159
Dr.-Ing. O. Viertel und O. Oldenroth, Krefeld
Das Bleichen von Weißwäsche mit Wasserstoffsuperoxyd bzw. Natriumhypochlorit beim maschinellen Waschen
1955, 54 Seiten, 23 Abb., 2 Tabellen, DM 11,45

HEFT 160
Prof. Dr. W. Klemm, Münster
Über neue Sauerstoff- und Fluor-haltige Komplexe
1955, 50 Seiten, 13 Abb., 7 Tabellen, DM 10,80

HEFT 161
Prof. Dr. W. Weltzien und Dr. G. Hauschild, Krefeld
Über Silikone und ihre Anwendung in der Textilveredlung
1955, 162 Seiten, 22 Abb., 10 Tabellen, DM 27,—

HEFT 162
Prof. Dr. F. Wever, Prof. Dr. A. Kochendörfer und Dr.-Ing. Chr. Rohrbach, Düsseldorf
Kennzeichnung der Sprödbruchneigung von Stählen durch Messung der Fließspannung, Reißspannung und Brucheinschnürung an dreiachsig beanspruchten Proben
1955, 58 Seiten, 26 Abb., DM 13,—

HEFT 163
Dipl.-Ing. W. Rohs und Text.-Ing. H. Griese, Bielefeld
Untersuchungsarbeiten zur Verbesserung des Leinenwebstuhls III
1955, 80 Seiten, 15 Abb., 18 Tabellen, DM 15,80

HEFT 164
Dr.-Ing. H. Schmachtenberg, Köln
Neuartige Prüfeinrichtungen für Kraftfahrzeuge
1955, 44 Seiten, 23 Abb., DM 9,60

HEFT 165
Dr.-Ing. W. Wilhelm, Aachen
Instationäre Gasströmung im Auspuffsystem eines Zweitaktmotors
1955, 62 Seiten, 31 Abb., 8 Tabellen, DM 13,60

HEFT 166
Prof. Dr. M. v. Stackelberg, Dr. H. Heindze, Dr. H. Hübschke und Dr. K. H. Frangen, Bonn
Kolloidchemische Untersuchungen
1955, 106 Seiten, 8 Abb., 13 Tabellen, DM 21,25

HEFT 167
Prof. Dr.-Ing. F. Schuster, Essen
I. Über die Heißkarburierung von Brenngasen mit Ölen und Teeren
II. Die Strahlungsvorgänge in brennstoffbeheizten Öfen bei verschiedenen Verbrennungsatmosphären
1955, 38 Seiten, 8 Abb., DM 8,30

HEFT 168
Prof. Dr.-Ing. F. Schuster, Essen
I. Luftvorwärmung an Gasfeuerungen
II. Heizwerthöhe von Brenngasen und Wirkungsgrad sowie Gasverbrauch bei der Gasverwendung
III. Sauerstoffangereicherte Luft und feuerungstechnische Kenngrößen von Brenngasen
1955, 60 Seiten, 18 Abb., DM 12,50

HEFT 169
Forschungsinstitut für Pigmente und Lacke, Stuttgart
Arbeiten über die Bestimmung des Gebrauchswertes von Lackfilmen durch physikalische Prüfungen
1955, 70 Seiten, 23 Abb., 4 Tabellen, DM 15,—

HEFT 170
Prof. Dr. F. Wever, Dr. A. Rose und Dipl.-Ing L. Rademacher, Düsseldorf
Anwendung der Umwandlungsschaubilder auf Fragen der Werkstoffauswahl beim Schweißen und Flammhärten
1955, 64 Seiten, 25 Abb., DM 13,70

WESTDEUTSCHER VERLAG · KÖLN UND OPLADEN

HEFT 171
Wäschereiforschung Krefeld
Untersuchung der Wäscheentwässerung mit Hilfe von Zentrifugen und Pressen
1955, 42 Seiten, 16 Abb., 4 Tabellen, DM 9,70

HEFT 172
Dipl.-Ing. W. Rohs, Dr.-Ing. G. Satlow und Text.-Ing. G. Heller, Bielefeld
Trocknung von Hanfgarnen. Kreuzspultrocknung
1955, 60 Seiten, 7 Abb., 4 Tabellen, DM 10,30

HEFT 173
Prof. Dr. R. Hosemann und Dipl.-Phys. G. Schoknecht, Berlin, vorgelegt von Prof. Dr. W. Kast, Krefeld
Lichtoptische Herstellung und Diskussion der Faltungsquadrate parakristalliner Gitter
1956, 108 Seiten, 63 Abb., 6 Tabellen, DM 24,70

HEFT 174
Prof. Dr. W. von Fragstein, Dr. J. Meingast und H. Hoch, Köln
Herstellung von Solen einheitlicher Teilchengröße und Ermittlung ihrer optischen Eigenschaften
1955, 78 Seiten, 80 Abb., 4 Tabellen, DM 18,25

HEFT 175
Dr.-Ing. H. Zeller, Aachen
Beitrag zur eindimensionalen stationären und nichtstationären Gasströmung mit Reibung und Wärmeleitung, insbesondere in Rohren mit unstetigen Querschnittsänderungen.
1956, 138 Seiten, 56 Abb., DM 29,30

HEFT 176
Dipl.-Ing. H. Schöberl, Duisburg
Über die Methoden zur Ermittlung der Verbrennungstemperatur von Brennstoffen und ein Vorschlag zu ihrer Verbesserung
1955, 30 Seiten, 3 Abb., DM 6,50

HEFT 177
Dipl.-Ing. H. Stüdemann, Solingen, und Dr.-Ing. W. Müchler, Essen
Entwicklung eines Verfahrens zur zahlenmäßigen Bestimmung der Schneideigenschaften von Messerklingen
1956, 104 Seiten, 68 Abb., 4 Tabellen, DM 22,20

HEFT 178
Prof. Dr. M. von Stackelberg u. Dr. W. Hans, Bonn
Untersuchungen zur Ausarbeitung und Verbesserung von polarographischen Analysenmethoden
1955, 46 Seiten, 14 Abb., DM 10,50

HEFT 179
Dipl.-Ing. H. F. Reineke, Bochum
Entwicklungsarbeiten auf dem Gebiete der Meß- und Regeltechnik
1955, 46 Seiten, 10 Abb., DM 10,—

HEFT 180
Dr.-Ing. W. Piepenburg, Dipl.-Ing. B. Bühling und Bauing. J. Behnke, Köln
Putzarbeiten im Hochbau und Versuche mit aktiviertem Mörtel und mechanischem Mörtelauftrag
1955, 116 Seiten, 31 Abb., 68 Tabellen, DM 23,—

HEFT 181
Prof. Dr. W. Franz, Münster
Theorie der elektrischen Leitvorgänge in Halbleitern und isolierenden Festkörpern bei hohen elektrischen Feldern
1955, 28 Seiten, 2 Abb., 1 Tabelle, DM 6,20

HEFT 182
Dr.-Ing. P. Schenk u. Dr. K. Osterloh, Düsseldorf
Katalytisch-thermische Spaltung von gasförmigen und flüssigen Kohlenwasserstoffen zur Spitzengaserzeugung
1955, 50 Seiten, 11 Abb., 11 Tabellen, DM 10,90

HEFT 183
Dr. W. Bornheim, Köln
Entwicklungsarbeiten an Flaschen- und Ampullen-Behandlungsmaschinen für die pharmazeutische Industrie
1956, 48 Seiten, 24 Abb., DM 11,70

HEFT 184
Dr.-Ing. E. Printz, Kettwig
Vollhydraulische Parallel-Kupplung für Ackerschlepper
1955, 32 Seiten, 4 Abb., DM 7,80

HEFT 185
Dipl.-Ing. W. Rohs und Text.-Ing. G. Heller, Bielefeld
Studien an einem neuzeitlichen Kreuzspultrockner für Bastfasergarne mit Wiederbefeuchtungszone
1955, 52 Seiten, 9 Abb., 3 Tabellen, DM 10,70

HEFT 186
Dr. E. Wedekind, Krefeld
Untersuchungen zur Arbeitsbestgestaltung bei der Fertigstellung von Oberhemden in gewerblichen Wäschereien
1955, 124 Seiten, 28 Abb., 6 Tabellen, 2 Falttaf., DM 12,—

HEFT 187
Dipl.-Ing. F. Göttgens, Essen
Über die Eigenarten der Bimetall-, Thermo- und Flammenionisationssicherungsmethode in ihrer Anwendung auf Zündsicherungen
1955, 40 Seiten, 6 Abb., 4 Tabellen, DM 8,40

HEFT 188
W. Kinnebrock, Langenberg (Rhld.)
Der Einfluß des Austausches gleicher Gaskochbrenner bzw. Gaskochbrennerteile auf den Wirkungsgrad und insbesondere auf den CO-Gehalt der Verbrennungsgase
1955, 42 Seiten, 7 Tabellen, DM 8,70

HEFT 189
Fa. E. Leybold's Nachfolger, Köln
I. Ausgewählte Kapitel aus der Vakuumtechnik
II. Zum Verlust anorganisch-nichtflüchtiger Substanzen während der Gefriertrocknung
1955, 52 Seiten, 16 Abb., 3 Tabellen, DM 11,20

HEFT 190
Prof. Dr. A. Neuhaus, Prof. Dr. O. Schmitz-DuMont und Dipl.-Chem. H. Reckhard, Bonn
Zur Kenntnis der Alkalititanate
1955, 60 Seiten, 13 Abb., 1 Tabelle, DM 12,20

HEFT 191
Dr. H. Söhngen, Darmstadt
Schwingungsverhalten eines Schaufelkranzes im Vakuum
1955, 36 Seiten, 7 Abb., DM 7,80

HEFT 192
Dipl.-Phys. E. M. Schneider, München
Kohlebogenlampen für Aufnahme und Kopie
1955, 48 Seiten, 21 Abb., 3 Tabellen, DM 10,60

HEFT 193
Prof. Dr. O. Schmitz-DuMont, Bonn
Untersuchungen über neue Pigmentfarbstoffe
1956, 50 Seiten, 16 Abb., 8 Tabellen, DM 11,20

HEFT 194
Dr. K. Hecht, Köln
Entwicklung neuartiger physikalischer Unterrichtsgeräte
1955, 42 Seiten, 16 Abb., DM 9,90

HEFT 195
Dr.-Ing. E. Rößger, Köln
Gedanken über einen neuen deutschen Luftverkehr
1955, 342 Seiten, 29 Abb., 122 Tabellen, DM 50,—

HEFT 196
Dipl.-Ing. W. Rohs und Text.-Ing. H. Griese, Bielefeld
Auswirkungen von Garnfehlern bei der Verarbeitung von Leinengarnen
1955, 36 Seiten, 3 Abb., 6 Tabellen, DM 7,80

HEFT 197
Dr. E. Wedekind, Krefeld
Untersuchungen zur Bestimmung der optimalen Arbeitsplatzgröße bei Mehrstuhlarbeit in der Weberei
1955, 92 Seiten, 34 Abb., DM 18,50

HEFT 198
Prof. Dr. J. Weissinger, Karlsruhe
Zur Aerodynamik des Ringflügels. Die Druckverteilung dünner, fast drehsymmetrischer Flügel in Unterschallströmung
1955, 42 Seiten, 5 Abb., DM 9,—

HEFT 199
Textilforschungsanstalt Krefeld
Die Messung von Gewebetemperaturen mittels Temperaturstrahlung
1955, 50 Seiten, 12 Abb., DM 10,90

HEFT 200
R. Seipenbusch, Langenberg (Rhld.)
Spitzengas durch Zusatz von Flüssiggas-Wassergas- und Flüssiggas-Generatorgas-Gemischen zu Stadtgas
1955, 48 Seiten, 21 Tabellen, DM 10,35

HEFT 201
Dr.-Ing. E. W. Pleines, Frankfurt/Main
Die Sicherheit im Luftverkehr
1956, 194 Seiten, 39 Abb., 19 Tabellen, DM 39,50

HEFT 202
Dipl.-Ing. D. Fiecke, Stuttgart/Zuffenhausen
Die Bestimmung der Flugzeugpolaren für Entwurfszwecke. I Teil: Unterlagen
1956, 216 Seiten, 171 Diagr., DM 59,70

HEFT 203
Dr. G. Wandel, Bonn
Uferbewachsung und Lebendverbauung an den Nordwestdeutschen Kanälen und ihren Zuflüssen sowie an der Ruhr
1956, 122 Seiten, 88 Abb., DM 25,70

HEFT 204
Dipl.-Ing. B. Naendorf, Langenberg (Rhld.)
Bestimmung der Brenneigenschaften und des Brennverhaltens verschiedener Gasarten und Einfluß verschiedener Düsengestaltung
1955, 32 Seiten, DM 7,10

HEFT 205
Dr. C. Schaarwächter, Düsseldorf
Über plastische Kupfer-Eisen-Phosphor-Legierungen
1936, 36 Seiten, 10 Abb., 10 Tabellen, DM 8,30

HEFT 206
Dr. P. Hölemann, Ing. R. Hasselmann und Ing. G. Dix, Dortmund
Untersuchungen über die Vorgänge bei der Zersetzung von in Azeton gelöstem Azetylen
1956, 74 Seiten, 7 Abb., 7 Tabellen, DM 15,55

HEFT 207
Prof. Dr.-Ing. H. Opitz, Dipl.-Ing. K. H. Fröhlich und Dipl.-Ing. H. Siebel, Aachen
Richtwerte für das Fräsen von unlegierten und legierten Baustählen mit Hartmetall. I. Teil
1956, 48 Seiten, 27 Abb., 3 Tabellen, DM 11,10

HEFT 208
Prof. Dr.-Ing. H. Müller, Essen
Untersuchung von Elektrowärmegeräten für Laienbedienung hinsichtlich Sicherheit und Gebrauchsfähigkeit. I. Untersuchungen an Kochplatten
1956, 100 Seiten, 76 Abb., 7 Tabellen, DM 22,70

HEFT 209
Dr. K. Bunge, Leverkusen
Materialabbau in Funkenentladungen. Untersuchungen an Zinkkathoden
1956, 54 Seiten, 10 Abb., 5 Tabellen, DM 11,40

HEFT 210
Dr. W. Porschen und Prof. Dr. W. Riezler, Bonn
Langlebige Alphaaktivitäten bei natürlichen Elementen
1955, 40 Seiten, 5 Abb., 4 Tabellen, DM 8,80

HEFT 211
Prof. Dipl.-Ing. W. Sturtzel und Dr.-Ing. W. Graff, Duisburg
Die Versuchsanstalt für Binnenschiffbau, Duisburg
1956, 48 Seiten, 22 Abb., 11,—

HEFT 212
Dipl.-Ing. H. Spodig, Selm
Untersuchungen zur Anwendung der Dauermagnete in der Technik
1955, 44 Seiten, 25 Abb., DM 9,80

HEFT 213
Dipl.-Ing. K. F. Rittinghaus, Aachen
Zusammenstellung eines Meßwagens für Bau- und Raumakustik
1957, 96 Seiten 17 Abb., 7 Tabellen DM 19,80

HEFT 214
Dr.-Ing. J. Endres, München
Berechnung der optimalen Leistungen, Kraftstoffverbräuche und Wirkungsgrade von Einkreis-Turbolader-Strahltriebwerken am Boden und in der Höhe bei Fluggeschwindigkeiten von 0—2000 km/h
1956, 72 Seiten, 18 Abb., 8 Tabellen, DM 15,40

HEFT 215
Prof. Dr.-Ing. H. Opitz und Dr.-Ing. G. Weber, Aachen
Einfluß der Wärmebehandlung von Baustählen auf Spanentstehung, Schnittkraft- und Standzeitverhalten
1956, 80 Seiten, 30 Abb., 10 Tabellen, DM 18,40

HEFT 216
Dr. E. Kloth, Köln
Untersuchungen über die Ausbreitung kurzer Schallimpulse bei der Materialprüfung mit Ultraschall
1956, 90 Seiten, 60 Abb., 4 Tabellen, DM 19,40

HEFT 217
Rationalisierungskuratorium der Deutschen Wirtschaft (RKW), Frankfurt/Main
Typenvielzahl bei Haushaltgeräten und Möglichkeiten einer Beschränkung
1956, 328 Seiten, 2 Abb., 181 Tabellen, DM 49,50

HEFT 218
Dr. F. Keune, Aachen
Bericht über eine Theorie der Strömung um Rotationskörper ohne Anstellung bei Machzahl Eins
1955, 40 Seiten, 8 Abb., 5 Formelblätter, DM 8,80

HEFT 219
Prof. Dr. W. Fuchs, Aachen
Untersuchungen zur Holzabfallverwertung und zur Chemie des Lignins
1955, 54 Seiten, 11 Abb., 15 Tabellen DM 11,40

HEFT 220
Prof. Dr. W. Fuchs, Aachen
Die Entwicklung neuer Regel- und Kontroll-Apparate zur coulometrischen Analyse
1956, 76 Seiten, 17 Abb. 23 Tabellen, DM 15,50

HEFT 221
Dr. W. Meyer-Eppler, Bonn
Experimentelle Untersuchungen zum Mechanismus von Stimme und Gehör in der lautsprachlichen Kommunikation *1955, 56 Seiten, 24 Abb., DM 13,45*

HEFT 222
Dr. L. Köllner, Münster, und Dipl.-Volkswirt M. Kaiser, Bochum
Die internationale Wettbewerbsfähigkeit der westdeutschen Wollindustrie *1956, 214 Seiten, DM 39,50*

HEFT 223
Dr.-Ing. K. Alberti und Dr. F. Schwarz, Köln
Über das Problem Hartbrand-Weichbrand
1956, 54 Seiten, 25 Abb., 14 Tabellen, DM 12,10

HEFT 224
Dipl.-Ing. H. Stüdemann und Ing. R. Beu, Solingen
Verfahren zur Prüfung der Korrosionsbeständigkeit von Messerklingen aus rostfreiem Stahl
1956, 82 Seiten, 28 Abb., DM 16,90

HEFT 225
Dr.-Ing. E. Barz, Remscheid
Der Spannungszustand von Gattersägeblättern
1956, 74 Seiten, 54 Abb., DM 16,50

HEFT 226
Technisch-wissenschaftliches Büro für die Bastfaserindustrie, Bielefeld
Untersuchungen zur Verbesserung des Leinenwebstuhles IV
Die Wirkung verschiedener Kettbaumbremsen auf die Verwebung von Leinengarnen
1956, 64 Seiten, 9 Abb., 4 Tabellen, DM 13,50

HEFT 227
Prof. Dr. F. Wever, Düsseldorf und Dr. W. Wepner, Köln
Untersuchung der Alterungsneigung von weichen unlegierten Stählen durch Härteprüfung bei Temperaturen bis 300 Grad C
1956, 34 Seiten, 20 Abb., 3 Tabellen, DM 7,95

HEFT 228
Prof. Dr. F. Wever, Dr. W. Koch, Düsseldorf, und Dr. B. A. Steinkopf, Dortmund
Spektrochemische Grundlagen der Analyse von Gemischen aus Kohlenmonoxyd, Wasserstoff und Stickstoff *1956, 42 Seiten, 18 Abb., 1 Tabelle, DM 9,90*

HEFT 229
Prof. Dr. F. Wever, Dr. W. Koch und Dr.-Ing. H. Malissa, Düsseldorf
Über die Anwendung disubstituierter Dithiocarbamate der analytischen Chemie
1956, 44 Seiten, 30 Abb., 5 Tabellen, DM 10,50

HEFT 230
Prof. Dr. F. Wever, Düsseldorf, und Dr. W. Wepner, Köln
Bestimmung kleiner Kohlenstoffgehalte im Alpha-Eisen durch Dämpfungsmessung
1956, 34 Seiten, 5 Abb., 2 Tabellen, DM 7,70

HEFT 231
Dr.-Ing. W. Küch, Dortmund
Über die Wechselwirkung zwischen Holzschutzbehandlung und Verleimung
1956, 48 Seiten, 10 Abb., 8 Tabellen, DM 10,40

HEFT 232
Prof. Dr.-Ing. O. Kienzle, Hannover, und Dr.-Ing. H. Münnich, Schweinfurt
Feststellung der Spannungen und Dehnungen und Bruchdrehzahl der unter Fliehkraft und Bearbeitungskraft beanspruchten Schleifkörper
in Vorbereitung

HEFT 233
Dr. H. Haase, Hamburg
Infrarot-Bibliographie *1956, 90 Seiten, DM 17,80*

HEFT 234
Dr.-Ing. K. G. Speith und Dr.-Ing. A. Bungeroth, Duisburg
Versuche zur Steigerung des Kokillen-Schluckvermögens beim Stranggießen von Stahl
1956, 26 Seiten, 5 Abb., DM 6,15

HEFT 235
Prof. Dr.-Ing. K. Leist und Dipl.-Ing. W. Dettmering, Aachen
Turbinenschaufeln aus Kunststoff für Kaltluftversuchsanlagen
1956, 46 Seiten, 43 Abb., 3 Tabellen, DM 12,30

HEFT 236
Dr.-Ing. O. Viertel und S. Lucas, Krefeld
Ergebnisse einer Hausfrauenbefragung über Wascheinrichtungen und Waschmethoden in städtischen Haushaltungen
1956, 34 Seiten, 4 Abb., DM 7,60

HEFT 237
Dr. P. Endler und Dr. H. Ludes, Köln
Bericht über eine Studienreise zur Orientierung der heutigen Behandlung der Lungentuberkulose in den Vereinigten Staaten von Nordamerika
1956, 32 Seiten, DM 7,10

HEFT 238
Institut für textile Meßtechnik, M.-Gladbach, e. V.
Untersuchungen der Verzugsvorgänge an den Streckwerken verschiedener Spinnereimaschinen. 3. Bericht: Theoretische Betrachtungen über den Einfluß schlagender Zylinder und Druckrollen
1956, 66 Seiten, 21 Abb., DM 14,10

HEFT 239
Prof. Dr.-Ing. K. Leist, Dipl.-Ing. H. Scheele, Aachen, und Dipl.-Ing. F. H. Flottmann, Herne
Versuche an einem neuartigen luftgekühlten Hochleistungs-Kolbenkompressor
1956, 72 Seiten, 19 Abb., 7 Tabellen, DM 14,40

HEFT 240
Prof. Dr.-Ing. K. Leist und Dipl.-Ing. H. Scheele, Aachen
Temperaturmessungen an einem einstufigen luftgekühlten 4-Zylinder-Kolbenkompressor mit Kühlgebläse *1956, 74 Seiten, 36 Abb., DM 14,80*

HEFT 241
Prof. Dr.-Ing. K. Leist und Dipl.-Ing. M. Pötke, Aachen
Leistungsversuche an einem Kühlluftgebläse
1956, 60 Seiten, 13 Abb., DM 11,70

HEFT 242
Prof. Dr.-Ing. K. Leist und Dipl.-Ing. K. Graf, Aachen
Straßenfahrzeuge mit Gasturbinenantrieb
1956, 82 Seiten, 63 Abb., DM 17,20

HEFT 243
Prof. Dr.-Ing. K. Leist und Dipl.-Ing. S. Förster, Aachen
Die französische Kleingasturbine Artouste — 1. Teil
1956, 80 Seiten, 41 Abb., DM 15,85

HEFT 244
Prof. Dr. F. Wever, Dr. W. Koch und Dr. S. Eckhard, Düsseldorf
Erfahrungen mit der spektrochemischen Analyse von Gefügebestandteilen des Stahles
1956, 32 Seiten, 8 Abb., 2 Tabellen, DM 7,80

HEFT 245
Prof. Dr.-Ing. habil. K. Krekeler, Aachen
Das Verbinden von Metallen durch Kunstharzkleber.
Teil I: Eigenschaften und Verwendung der Metallklebstoffe *1956, 48 Seiten, 8 Abb., DM 10,25*

HEFT 246
Prof. Dr.-Ing. habil. K. Krekeler, Aachen
Das Verbinden von Metallen durch Kunstharzkleber.
Teil II: Untersuchungen an geklebten Leichtmetall-Verbindungen *1956, 80 Seiten, 40 Abb., DM 17,50*

HEFT 247
Dr. H. Söhngen, Darmstadt
Strömung vor einem Überschall-Laufrad
1956, 26 Seiten, 4 Abb., DM 7,60

HEFT 248
Rheinische Aktiengesellschaft für Braunkohlenbergbau und Brikettfabrikation, Köln
Untersuchung der Bindemitteleigenschaften von Braunkohlenfilteraschen
1956, 176 Seiten, 26 Abb., 30 Tabellen, DM 35,60

HEFT 249
Dr. M.-E. Meffert, Essen
Weitere Kulturversuche Scenedesmus obliquus
1956, 36 Seiten, 5 Abb., 10 Tabellen, DM 8,—

HEFT 250
Dr. F. Schwarz und Dr.-Ing. K. Alberti, Köln
Entwicklung von Untersuchungsverfahren zur Gütebeurteilung von Industriekalken
1956, 36 Seiten, 9 Abb., DM 16,50

HEFT 251
Prof. Dr. H. Bittel, Münster
Zur Statistik der ferromagnetischen Elementarvorgänge und ihren Einfluß auf das Barkhausenrauschen
1956, 52 Seiten, 14 Abb., DM 11,65

HEFT 252
Dipl.-Ing. H. Frings, Geilenkirchen
Die Wirkung abfallender Wetterführung auf Wettertemperatur, Grubengasgehalt und Staubbildung
1957, 126 Seiten, 23 Abb., 13 Falttafeln, 38 Tab., DM 35,70

HEFT 253
Dipl.-Ing. S. Schirmanski, Berghausen
Stand und Auswertung der Forschungsarbeiten über Temperatur- und Feuchtigkeitsgrenzen bei der bergmännischen Arbeit
1957, 80 Seiten, 24 Abb., 12 Tab., DM 17,10

HEFT 254
Prof. Dr. R. Danneel, Bonn
Quantitative Untersuchungen über die Entwicklung des Ehrlich-Ascitestumors bei Inzuchtmäusen
1956, 52 Seiten, 17 Tabellen, DM 11,75

HEFT 255
Ing. B. v. Schlippe, Bad Nauheim
Strömung von Flüssigkeiten mit temperaturabhängiger Zähigkeit (Kühlung von Öfen)
1956, 54 Seiten, 12 Abb., 4 Tabellen, DM 11,70

HEFT 256
Prof. Dr. C. Schmieden und Dipl.-Math. K. H. Müller, Darmstadt
Die Strömung einer Quellstrecke im Halbraum — eine strenge Lösung der Navier-Stokes-Gleichungen
1956, 40 Seiten, 9 Abb., DM 8,80

HEFT 257
Prof. Dr. G. Lehmann und Dr. J. Tamm, Dortmund
Die Beeinflussung vegetativer Funktionen des Menschen durch Geräusche
1956, 48 Seiten, 25 Abb., 3 Tabellen, DM 11,20

HEFT 258
Dr. H. Paul, Linz (Rhein), und Prof. Dr. O. Graf, Dortmund
Zur Frage der Unfälle im Bergbau
1956, 52 Seiten, 9 Abb., 22 Tabellen, DM 11,20

HEFT 259
Prof. D. W. Linke, Aachen
Strömungsvorgänge in künstlich belüfteten Räumen
1956, 52 Seiten, 37 Abb., 1 Tabelle, DM 11,80

HEFT 260
Prof. Dr. W. Kast, Freiburg (Br.), Prof. Dr. A. H. Stuart und Dipl.-Phys. H. G. Fendler, Hannover
Lichtzerstreuungsmessungen an Lösungen hochpolymerer Stoffe
1956, 70 Seiten, 25 Abb., 5 Tabellen, DM 15,60

HEFT 261
Prof. Dr. W. Kast, Freiburg (Br.)
Feinstruktur-Untersuchungen an künstlichen Zellulosefasern verschiedener Herstellungsverfahren.
Teil II: Der Kristallisationszustand
1956, 80 Seiten, 27 Abb., 11 Tabellen, DM 17,20

HEFT 262
Dr.-Ing. E. Batel, Aachen
Untersuchungen zur Absiebung feuchter, feinkörniger Haufwerke und Schwingsieben
1956, 100 Seiten, 45 Abb., 5 Tabellen, DM 23,40

HEFT 263
Prof. Dr. H. Lange und Dipl.-Phys. R. Kohlhaas, Köln
Über die Wärmeleitfähigkeit von Stählen bei hohen Temperaturen: Teil I: Literaturbericht
1956, 48 Seiten, 26 Abb., 8 Tabellen, DM 10,70

HEFT 264
Prof. Dr. W. Weizel, Bonn
Durch schnelle Funkenzusammenbrüche ausgelöste Signale an einer Leitung
1956, 26 Seiten, 4 Abb., 3 Tabellen, DM 6,10

HEFT 265
Prof. Dr. F. Micheel und Dr. R. Engel, Münster
Eine Apparatur zur elektrophoretischen Trennung von Stoffgemischen
1956, 38 Seiten, 21 Abb., DM 9,20

HEFT 266
Fliesen-Beratungsstelle Bad Godesberg-Mehlem
Güteeigenschaften keramischer Wand- und Bodenfliesen und deren Prüfmethoden
1956, 32 Seiten, DM 7,10

HEFT 267
Prof. Dr. W. Weizel und B. Brandt, Bonn
Zur Stabilität stromstarker Glimmentladungen
1956, 36 Seiten, 7 Abb., DM 8,40

WESTDEUTSCHER VERLAG · KÖLN UND OPLADEN

HEFT 268
Prof. Dr.-Ing. G. Vogelpohl, Göttingen
Über die Tragfähigkeit von Gleitlagern und ihre Berechnung
1956, 76 Seiten, 24 Abb., 7 Tabellen, DM 16,85

HEFT 269
Markscheider R. Bals, Bochum
Eignung des Gebirgsankerausbaus zur Erleichterung des Streckenvortriebs im Steinkohlenbergbau
1956, 84 Seiten, 41 Abb., DM 18,75

HEFT 270
Dr. H. Krebs und Mitarbeiter, Bonn
Die Trennung von Racematen auf chromatographischem Wege
1956, 62 Seiten, 18 Tabellen, DM 12,95

HEFT 271
Prof. Dr.-Ing. H. Opitz und Dipl.-Ing. H. Axer, Aachen
Beeinflussung des Verschleißverhaltens bei spanenden Werkzeugen durch flüssige und gasförmige Kühlmittel und elektrische Maßnahmen
1956, 46 Seiten, 28 Abb., DM 10,70

HEFT 272
Prof. Dr. W. Fuchs und Dr. H. Dresia, Aachen
Untersuchungen über die Schnellverbrennung und Schnellvergasung fester Brennstoffe
1956, 56 Seiten, 14 Abb., 3 Tabellen, DM 11,90

HEFT 273
Fa. K. W. Tacke G.m.b.H., Wuppertal-Barmen
Erfahrungen beim Verspinnen von Perlonfasern und bei der Herstellung von Trikotagen aus gesponnenem Perlon
1956, 36 Seiten, DM 7,90

HEFT 274
Prof. Dr.-Ing. K. Krekeler, Aachen
Qualitative Untersuchungen bei Verbindungsschweißungen mittels Lichtbogenschweißautomaten unter Verwendung von Blankdraht und Zugabe von ferromagnetischem Pulver als Umhüllung
1956, 68 Seiten, 40 Abb., 8 Tabellen, DM 15,45

HEFT 275
Prof. Dr.-Ing. habil. K. Krekeler, Aachen, und Dipl.-Ing. H. Verhoeven, Aachen
Quantitative Untersuchungen von Punktschweißverbindungen an Tiefzieh- und Aluminiumblechen, die nach dem Argonarc-Punktschweißverfahren hergestellt werden
1956, 64 Seiten, 45 Abb., DM 14,60

HEFT 276
Fa. E. Haage, Mülheim (Ruhr)
Entwicklungsarbeiten im Apparatebau für Laboratorien
1956, 48 Seiten, 18 Abb., DM 10,50

HEFT 277
Dr.-Ing. W. Müchler, Essen
Untersuchung und zahlenmäßige Bestimmung der Schneideigenschaften von Messern mit besonderer Berücksichtigung rostfreier Messerstähle
1956, 60 Seiten, 27 Abb., 5 Tabellen, DM 13,20

HEFT 278
Dipl.-Ing. J. Stelter und Dipl.-Ing. H. Kickert, Aachen
I. Sichtbarmachung von Ultraschallfeldern unter Verwendung photographischer Emulsionsschichten
II. Methode zur Bestimmung der wirklichen Temperaturverhältnisse in Flüssigkeiten während der Beschallung (Nach einer Diplom-Arbeit von H. Schnitzler)
1956, 54 Seiten, 24 Abb., DM 12,75

HEFT 279
Dr. F. Keune, Aachen
Der gewölbte und verwundene Tragflügel ohne Dicke in Schallnähe
1956, 42 Seiten, 15 Abb., DM 9,25

HEFT 280
Dipl.-Ing. J. Stelter und Dipl.-Ing. E. Pfende, Aachen
Über Störerscheinungen bei Schallgeschwindigkeitsmessungen mittels der Interferometermethode
1956, 42 Seiten, 13 Abb., DM 9,60

HEFT 281
Prof. Dr.-Ing. K. Lürenbaum, Aachen
Der Meßwagen des Instituts für Maschinen-Dynamik der Deutschen Versuchsanstalt für Luftfahrt, Aachen
1956, 34 Seiten, 17 Abb., DM 8,60

HEFT 282
Bergrat a. D. Scherer, Bochum
Das B. T.-Schwelverfahren und seine Anwendung auf der Anlage Marienau
1956, 44 Seiten, 7 Abb., DM 9,60

HEFT 283
Prof. Dr. F. Wever und Dr.-Ing. W. Lueg, Düsseldorf
Warmstauchversuche zur Ermittlung der Formänderungsfestigkeit von Gesenkschmiede-Stählen
1956, 44 Seiten, 19 Abb., DM 9,90

Heft 284
Prof. Dr. F. Wever, Düsseldorf, Dr.-Ing. H. J. Wiester, Essen, Dr.-Ing. F. W. Straßburg, Duisburg, Prof. Dr.-Ing. H. Opitz, Aachen, und Dr.-Ing. K. H. Fröhlich, Köln
Einfluß des Gefüges auf die Zerspanbarkeit von Einsatz- und Vergütungsstählen
1957, 88 Seiten, 126 Abb., 11 Tab., DM 22,45

HEFT 285
Prof. Dr.-Ing. O. Kienzle, Dr.-Ing. K. Lange, Hannover, und Dipl.-Ing. H. Meinert, Osterode
Einfluß der Oberfläche auf das Verschleißverhalten von Schmiedegesenken
1956, 62 Seiten, 29 Abb., 8 Tabellen, DM 14,60

HEFT 286
Dr.-Ing. K. Lange, Hannover, Dipl.-Ing. H. Meinert, Osterode, unter Mitarbeit von Dr.-Ing. H. Arend, Mülheim (Ruhr)
Verschleißverhalten hartverchromter Schmiedegesenke
1956, 74 Seiten, 53 Abb., 6 Tabellen, DM 17,65

HEFT 287
Prof. Dr.-Ing. habil. K. Krekeler, Aachen
Änderungen der mechanischen Eigenschaftswerte thermoplastischer Kunststoffe bei Beanspruchung in verschiedenen Medien
1956, 62 Seiten, 23 Abb., 5 Tabellen, DM 13,70

HEFT 288
Dr. K. Brücker-Steinkuhl, Düsseldorf
Anwendung mathematisch-statischer Verfahren in der Industrie
1956, 103 Seiten, 27 Abb., 14 Tabellen, DM 24,20

HEFT 289
Prof. Dr.-Ing. H. Winterhager, Aachen
Kombinierter Widerstands- und Lichtbogen-Vakuumofen zur Verarbeitung von Titanschwamm
Prof. Dr. Dr. h. c. R. Schwarz, Aachen
Erforschung neuer Wege zur Darstellung von Titanmetall
1957, 42 Seiten, 18 Abb., DM 9,70

HEFT 290
Dr. D. Horstmann, Düsseldorf
I. Der verstärkte Angriff des Zinks auf Eisen im Temperaturgebiet um 500° C
II. Einfluß eines Antimongehaltes auf den Angriff von Zinkschmelzen auf Eisen
1956, 48 Seiten, 33 Abb., 3 Tabellen, DM 11,90

HEFT 291
Dr.-Ing. H. J. Wiester und Dr. D. Horstmann, Düsseldorf
Der Angriff eisengesättigter Zinkschmelzen auf silizium- und manganhaltiges Eisen
1956, 52 Seiten, 45 Abb., 8 Tabellen, DM 12,60

HEFT 292
Dipl.-Ing. W. Rohs und Text.-Ing. H. Griese, Bielefeld
Webversuche an Leinenwebstühlen mit verbesserter Schaftbewegung
1956, 34 Seiten, 3 Abb., 2 Tabellen, DM 7,60

HEFT 293
Prof. J. W. Korte, unter Mitarbeit von Dipl.-Ing. P. A. Mäcke und Dipl.-Ing. W. Leutzbach, Aachen
Die Leistungsfähigkeit von Verkehrsanlagen des motorisierten städtischen Straßenverkehrs
1956, 98 Seiten, 35 Abb., 5 Tabellen, 1 Falttafel, DM 22,50

HEFT 294
Dipl.-Ing. B. Naendorf, Essen
Untersuchungen industrieller Gasbrenner
1956, 58 Seiten, 6 Abb., 3 Tabellen, DM 12,40

HEFT 295
Prof. Dr.-Ing. H. Opitz und Dipl.-Ing. H. Axer, Aachen
Untersuchung und Weiterentwicklung neuartiger elektrischer Bearbeitungsverfahren
1956, 42 Seiten, 27 Abb., DM 10,30

HEFT 296
Prof. Dr.-Ing. H. Opitz, Aachen
I. Untersuchungen an elektronischen Regelantrieben
II. Statische Untersuchungen zur Ausnutzung von Drehbänken
1956, 46 Seiten, 18 Abb., DM 10,40

HEFT 297
Dr. K. Schaarwächter, Düsseldorf
Die Reduktion von Siliziumtetrachlorid im Lichtbogen zur nachfolgenden Silizierung von Eisenblechen
in Vorbereitung

HEFT 298
Prof. Dr.-Ing. E. Oehler, Aachen
Untersuchung von kritischen Drehzahlen, die durch Kreiselmomente verursacht werden
1956, 50 Seiten, 35 Abb., DM 13,15

HEFT 299
Dr. J. Fassbender und W. Hoppe, Bonn
Eine photoelektrische Nachlaufeinrichtung für Analogie-Rechenmaschinen
1956, 20 Seiten, 8 Abb., DM 7,65

HEFT 300
Prof. Dr. E. Schütz und Privatdozent Dr. H. Caspers, Münster
Tierexperimentelle Untersuchungen über die Alkoholwirkungen auf Erregbarkeit und bioelektrische Spontanaktivität der Hirnrinde
1956, 44 Seiten, 6 Abb., 1 Tabelle, DM 9,55

HEFT 301
Prof. Dr. W. Weltzien, Dr. G. Cossmann und P. Diehl, Krefeld
Über die fraktionierte Füllung von Polyamiden (II)
1956, 54 Seiten, 1 Abb., 16 Tabellen, DM 11,30

HEFT 302
Prof. Dr.-Ing. W. Wegener und Dipl.-Ing. W. Zahn, Aachen
Untersuchungen von gesponnenen Garnen auf ihre Gleichmäßigkeit nach verschiedenen Meßmethoden
1957, 58 Seiten, 34 Abb., DM 15,20

HEFT 303
Prof. Dr. Ing. S. Kiesskalt, Aachen
Das Institut der Forschungsgesellschaft Verfahrenstechnik e. V. an der Technischen Hochschule Aachen
1956, 76 Seiten, 20 Abb., 3 Tabellen, DM 16,40

HEFT 304
Prof. Dr.-Ing. K. Krekeler, Düsseldorf, und Dipl.-Ing. A. Kleine-Albers, Aachen
Beitrag zur thermoelastischen Warmformbarkeit von Hart-PVC
1957, 72 Seiten, 29 Abb., DM 17,70

HEFT 305
Prof. Dr.-Ing. K. Krekeler, Düsseldorf, Dr.-Ing. H. Peukert, Aachen, und Dipl.-Ing. W. Schmitz, Siegburg
Heißgas-Schweißung von Hart-Polyvinylchlorid mit Zusatzwerkstoff
1956, 44 Seiten, 27 Abb., 5 Tabellen, DM 12,50

HEFT 306
Prof. Dr. B. Rensch, Münster
Elektrophysiologische Untersuchungen zur Analysierung der Bildung von Assoziationen und Gedächtnisspuren in Gehirn und Rückenmark
Prof. Dr. A. Loeser, Münster
Akute und chronische Giftwirkungen sauerstoffhaltiger Lösungsmittel
1956, 36 Seiten, 4 Abb., DM 8,90

HEFT 307
Privatdozent Dr. J. Juilfs, Krefeld
Vergleichende Untersuchungen zur elastischen und bleibenden Dehnung von Fasern
1956, 36 Seiten, 11 Abb., DM 8,30

HEFT 308
Privatdozent Dr. J. Juilfs, Krefeld
Zur Messung der Fadenglätte
1956, 22 Seiten, 10 Abb., 2 Tabellen, DM 8,—

HEFT 309
Prof. Dr. K. Cruse und Mitarbeiter, Clausthal-Zellerfeld
Aufbau und Arbeitsweise eines universell verwendbaren Hochfrequenz-Titrationsgerätes
1957, 48 Seiten, 29 Abb., DM 11,90

HEFT 310
Dr. P. F. Müller, Bonn
Die Integrieranlage des Rheinisch-Westfälischen Instituts für Instrumentelle Mathematik in Bonn
1956, 62 Seiten, 6 Abb., 30 Satzskizzen, DM 14,45

HEFT 311
Prof. Dr. F. Wever und Dr. M. Hempel, Düsseldorf
Dauerschwingfestigkeit von Stählen bei erhöhten Temperaturen
Teil I: Erkenntnisse aus bisherigen Dauerschwingversuchen an der Wärme
1956, 48 Seiten, 19 Abb., 2 Tabellen, DM 10,90

HEFT 312
Prof. Dr. F. Wever und Dr. M. Hempel, Düsseldorf
Dauerschwingfestigkeit von Stählen bei erhöhten Temperaturen
Teil II: Zug-Druck-Dauerschwingversuche an zwei warmfesten Stählen bei Temperaturen von 500 bis 650°
1956, 48 Seiten, 20 Abb., 3 Tabellen, DM 13,—

WESTDEUTSCHER VERLAG · KÖLN UND OPLADEN

HEFT 313
Prof. Dr. F. Wever, Dr. W. Koch und
Dipl.-Phys. H. Rohde, Düsseldorf
Änderungen des Habitus und der Gitterkonstanten des Zementits in Chromstählen bei verschiedenen Wärmebehandlungen
1956, 88 Seiten, 29 Abb., 8 Tabellen, DM 20,90

HEFT 314
Prof. Dr. F. Wever, Dr.-Ing. A. Krisch, Düsseldorf, und Dr.-Ing. H.-J. Wiester, Essen
Veränderungen im Gefügeaufbau von Chrom-Nickel-Molybdän-Stählen bei langzeitiger Beanspruchung im Zeitstandversuch bei 500°
1956, 48 Seiten, 26 Abb., 5 Tabellen, DM 11,70

HEFT 315
Prof. Dr. F. Wever und Dr.-Ing. A. Krisch, Düsseldorf
Metallkundliche Untersuchungen an Zeitstandproben
1956, 38 Seiten, 12 Abb., DM 9,15

HEFT 316
Dr. F. Keune, Aachen
Zusammenfassende Darstellung und Erweiterung des Aequivalenzsatzes für schallnahe Strömung
1956, 80 Seiten, 22 Abb., DM 17,90

HEFT 317
Dr.-Ing. J. Stelter, Aachen
Mikrobiologische Ultraschallwirkungen
1957, 106 Seiten, 41 Abb., 12 Tab., DM 23,90

HEFT 318
Dipl.-Ing. H. Kickert, Aachen
Über die Ausbreitung von Ultraschall in Luft
1957, 78 Seiten, 51 Abb., 7 Tab., DM 19,20

HEFT 319
Prof. Dr. C. Kröger, Aachen
Gemengereaktionen und Glasschmelze
1957, 118 Seiten, 53 Abb., 16 Tab., DM 26,—

HEFT 320
Dr. H.-E. Caspary, Köln
Verwendung von Szintillationszählern an Stelle von Zählrohren zur zerstörungsfreien Materialprüfung
1956, 42 Seiten, 13 Abb., 2 Tabellen, DM 10,10

HEFT 321
Prof. Dr. F. Wever, Düsseldorf, und
Dr. W. Wepner, Köln
Gleichzeitige Bestimmung kleiner Kohlenstoff- und Stickstoffgehalte im a-Eisen durch Dämpfungsmessung
1956, 30 Seiten, 3 Abb., 4 Tabellen, DM 6,80

HEFT 322
Prof. Dr.-Ing. F. Bollenrath und
Dipl.-Ing. W. Domke, Aachen
Eigenspannungen in vergüteten, dickwandigen Stahlzylindern nach Oberflächenhärtung mit induktiver Erwärmung
1956, 30 Seiten, 9 Abb., 2 Tabellen, DM 6,90

HEFT 323
Prof. Dr. R. Seyffert, Köln
Wege und Kosten der Distribution der Textilien, Schuh- und Lederwaren
1956, 98 Seiten, 37 Tabellen, 1 Falttaf., DM 12,—

HEFT 324
Prof. Dr.-Ing. H. Opitz, Dr.-Ing. E. Saljé und
Dipl.-Ing. K. E. Schwartz, Aachen
Richtwerte für das Außenrund-Längs- und Einstechschleifen
1956, 62 Seiten, 44 Abb., 2 Tabellen, DM 13,85

HEFT 325
Prof. Dr. E. Schratz, Münster
Pharmakognostische Untersuchungen am Medizinal-Rhabarber
1957, 62 Seiten, 29 Abb., 3 Tabellen, DM 17,90

HEFT 326
Prof. Dr.-Ing. E. Essers und Mitarbeiter, Aachen
Deichselkräfte an Lastzügen
in Vorbereitung

HEFT 327
Prof. Dr.-Ing. habil. K. Krekeler und
Dr.-Ing. H. Peukert, Aachen
Beitrag zur thermoelastischen Formbarkeit von Polyäthylen
1956, 56 Seiten, 49 Abb., 9 Tabellen, DM 12,80

HEFT 328
Dr. H. Maeder, Belo Horizonte
Schweißen von Temperguß
in Vorbereitung

HEFT 329
Dipl.-Ing. A. Krüger, Karlsruhe, und Feuerwehr-Ing.
R. Radusch, Dortmund
Wasserzerstäubung im Strahlrohr
1956, 86 Seiten, 21 Abb., 3 Tabellen, DM 18,65

HEFT 330
Dipl.-Physiker E. Pepping, Aachen
Die Durchflußzahl des Rechteckschlitzes in einer sehr großen Wand
1957, 54 Seiten, 21 Abb., DM 12,35

HEFT 331
Dipl.-Ing. G. Bretschneider, Ruit
Die Messung der wiederkehrenden Spannung mit Hilfe des Netzmodelles
1957, 46 Seiten, 21 Abb., 2 Tab., DM 11,20

HEFT 332
Prof. Dr.-Ing. R. Jaeckel und Dr. G. Reich, Bonn
Messung von Dampfdrucken im Gebiet unter 10^{-2} Torr
1956, 42 Seiten, 16 Abb., 2 Tabellen, DM 10,40

HEFT 333
Prof. Dipl.-Ing. W. Sturtzel und
Dr.-Ing. W. Graff, Duisburg
I. Der Flachwassereinfluß auf den Form- und Reibungswiderstand von Binnenschiffen
II. Der Flachwassereinfluß auf die Nachstrom- und Sogverhältnisse bei Binnenschiffen
1956, 44 Seiten, 14 Abb., DM 9,80

HEFT 334
Prof. Dr. W. Weizel und Dr. G. Meister, Bonn
Spektralanalyse durch Messung des Interferenz-Kontrastes
1956, 42 Seiten, DM 9,80

HEFT 335
Prof. Dr. W. Weizel und H. Hornberg, Bonn
Untersuchungen der anodischen Teile einer Glimmentladung
1957, 62 Seiten, 14 Farbabb., 21 Abb., 1 Tab., DM 32,80

HEFT 336
Dr. Tung-ping Yao, Aachen
Die Viskosität metallischer Schmelzen
1957, 64 Seiten, 28 Abb., 2 Tab., DM 14,40

HEFT 337
Dr. R. Hoeppener und Dr. W. Bierther, Bonn
Tektonik und Lagestätten im Rheinischen Schiefergebirge
1957, 66 Seiten, 14 Abb., DM 16,25

HEFT 338
Prof. Dr.-Ing. W. Wegener, Aachen, und
Dipl.-Ing. J. Schneider, M.-Gladbach
Die Bedeutung der Knotenart für die Herabminderung der Fadenbrüche
1957, 40 Seiten, 6 Abb., DM 11,90

HEFT 339
Prof. Dr.-Ing. W. Wegener und
Dipl.-Ing. W. Zahn, Aachen
Vergleich des normalen mit verschiedenen abgekürzten Baumwollspinnverfahren in bezug auf Gleichmäßigkeit und Sortierungsstreuung der Garne
1956, 56 Seiten, 17 Abb., 17 Tabellen, DM 12,70

HEFT 340
Dipl.-Ing. W. Rohs und Dipl.-Ing. R. Otto, Bielefeld
Das Naßspinnen von Bastfasergarnen mit Spinnbadzusätzen unter Ausnutzung einer zentralen Spinnwasserversorgungsanlage
1956, 56 Seiten, 2 Abb., 6 Tabellen, DM 11,60

HEFT 341
Prof. Dr.-Ing. H. Winterhager und Dipl.-Ing. L. Werner, Aachen
Präzisions-Meßverfahren zur Bestimmung des elektrischen Leitvermögens geschmolzener Salze
1956, 44 Seiten, 19 Abb., 1 Tabelle, DM 10,60

HEFT 342
Prof. Dr.-Ing. H. Winterhager und Dipl.-Ing. W. Barthel, Aachen
Die Gewinnung von Titanschlackenkonzentraten aus eisenreichen Ilemniten
1957, 60 Seiten, 30 Abb., 6 Tab., DM 13,30

HEFT 343
Prof. Dr.-Ing. W. Petersen, Aachen, und Dipl.-Ing.
S. Wawroschek, Aachen
Die zweckmäßigsten Gütebestimmungsverfahren und Brikettierungsbedingungen bei der Erzeugung von Braunkohlen-Eisenerz-Briketts
1956, 64 Seiten, 28 Abb., DM 13,95

HEFT 344
Prof. Dr.-Ing. W. Fucks, Aachen
Zur Deutung einfachster mathematischer Sprachcharakteristiken
1956, 38 Seiten, 12 Abb., DM 7,80

HEFT 345
Dipl.-Ing. G. Cerbe und Dipl.-Ing. H. Monstadt, Essen
Konvektive Trocknung mit gasbeheizter Luft und Trocknung durch Gasstrahler
1957, 46 Seiten, 16 Abb., DM 10,40

HEFT 346
Dipl.-Ing. O. Arnold, Aachen
Erfahrungen mit Kernbohrungen zur Lagerstättenuntersuchung im Erzbergbau
1957, 36 Seiten, 2 Abb., 3 Falttaf. 6 Tab., DM 8,80

HEFT 347
S. Ruff, F. Kipp, H. Hansteen und G. Müller, Bonn
Untersuchungen zur Frage der Gehörschädigungen des fliegenden Personals der Propellerflugzeuge
1957, 50 Seiten, 27 Abb., 3 Tab., DM 11,10

HEFT 348
Prof. Dr.-Ing. E. Piwowarsky
und Dr.-Ing. G. Nickel, Aachen
Metallurgie eines hochwertigen Gußeisens mit kompakter bis kugelförmiger Graphitausbildung
1957, 54 Seiten, 27 Abb., 5 Tab., DM 13,30

HEFT 349
Dr.-Ing. W. A. Fischer, Dr.-Ing. H. Treppschuh
und Dr.-Ing. K. H. Köthemann, Düsseldorf
Tiegel aus Schmelzmagnesia für Vakuuminduktionsöfen
1957, 34 Seiten, 14 Abb. DM 8,40

HEFT 350
Prof. Dr.-Ing. habil. K. Krekeler
und Dr.-Ing. H. Peukert, Aachen
Das Spannungsverhalten der Kunststoffe bei der Verarbeitung
in Vorbereitung

HEFT 351
Prof. Dr.-Ing. H. Opitz, Dipl.-Ing. H. Axer und
Dipl.-Ing. H. Rhode, Aachen
Zerspanbarkeit hochwarmfester und nichtrostender Stähle. Teil I
1957, 96 Seiten, 73 Abb., 2 Tab., DM 21,80

HEFT 352
Dipl.-Ing. H. Fauser, Aachen
Fahrdynamik und Batterie-Arbeitsverbrauch von Akkumulatorenlokomotiven im Untertagebetrieb
in Vorbereitung

HEFT 353
Forschungsinstitut für Rationalisierung, Aachen
Schlagwortregister zur Rationalisierung
1957, 376 S., DM

HEFT 354
Dipl.-Ing. D. Wagener, Aachen
Auswirkungen neuer Gaserzeugungs-Verfahren unter Berücksichtigung der Auswirkung auf den Kokereibetrieb
in Vorbereitung

HEFT 355
Prof. Dr.-Ing. habil. K. Krekeler, Dr.-Ing. H. Peukert und
Dipl.-Ing. A. Kleine-Albers, Aachen
Heißgas-Schweißungen von Weich-Polyvinylchlorid mit Zusatzwerkstoff
in Vorbereitung

HEFT 356
Dipl.-Phys. G. Gurke, Aachen
Aufbau einer Meßanlage für Untersuchungen elektrischer Gasentladung im Bereiche großer p. d.-Werte
1956, 38 Seiten, 13 Abb., DM 8,65

HEFT 357
Prof. Dr.-Ing. W. Fucks, Aachen
Mathematische Analyse der Formalstruktur von Musik
in Vorbereitung

HEFT 358
Prof. Dr. rer. nat. W. Weltzien, Dipl.-Chem. P. Ringel
und Text.-Ing. H. Kirchhoff, Krefeld
Die Waschechtheit von Färbungen. Vergleichende Untersuchungen auf dem Gebiete der Echtheitsprüfung
in Vorbereitung

HEFT 359
Dr.-Ing. F. J. Meister, Düsseldorf
Veränderung der Hörschärfe, Lautheitsempfindung und Sprachaufnahme während des Arbeitsprozesses bei Lärmarbeitern
1957, 84 Seiten, 11 Abb., 1 Tab., 40 Audiogramme, 40 Tab., DM 19,90

HEFT 360
Dr.-Ing. E. Barz, Remscheid
Fertigungsverfahren und Spannungsverlauf bei Kreissägeblättern für Holz
1957, 72 Seiten, 40 Abb., DM 17,—

HEFT 361
Dipl.-Ing. H. F. Klein, Aachen
Die nichtstationären Strömungsvorgänge und der Wärmeübergang in einem Schwingfeuergerät
1957, 84 Seiten, 34 Abb., 4 Falttafeln, DM 25,90

HEFT 362
Prof. Dr. med. G. Lehmann und Dipl.-Phys.
D. Dieckmann, Dortmund
Die Wirkung mechanischer Schwingungen (0,5 bis 100 Hertz) auf den Menschen
1957, 100 Seiten, 53 Abb., 6 Tab., DM 22,50

WESTDEUTSCHER VERLAG · KÖLN UND OPLADEN

HEFT 363
Dr.-Ing. U. Domm, Frankenthal (Pfalz)
Über eine Hypothese, die den Mechanismus der Turbulenz-Entstehung betrifft
1956, 28 Seiten, 4 Abb., DM 6,45

HEFT 364
Prof. Dr. Th. Beste, Köln
Die Mehrkosten bei der Herstellung ungängiger Erzeugnisse im Vergleich zur Herstellung vereinheitlichter Erzeugnisse
1957, 352 Seiten, DM 50,—

HEFT 365
Sozialforschungsstelle an der Universität Münster, Dortmund
Standort und Wohnort
1957, Textband: 350 Seiten, 28 Karten, 73 Tab. Anlageband: 15 Karten, 21 Tab., DM 99,—

HEFT 366
Versuchsanstalt für Binnenschiffbau e. V., Duisburg
Bei Flachwasserfahrten durch die Strömungsverteilung am Boden und an den Seiten stattfindende Beeinflussung des Reibungswiderstandes von Schiffen
1957, 96 Seiten, 39 Abb., 28 Tab., DM 20,40

HEFT 367
Dr. rer. nat. D. Horstmann, Düsseldorf
Der Angriff eisengesättigter Zinkschmelzen auf kohlenstoff-, schwefel- und phosphorhaltiges Eisen
1957, 52 Seiten, 22 Abb., 6 Tab., DM 12,85

HEFT 368
Prof. Dr. phil. H. Kaiser, Dortmund
Entwicklung betriebsmäßiger spektrochemischer Analysenverfahren für technische Gläser
1957, 40 Seiten, 11 Abb., DM 9,10

HEFT 369
Prof. Dr.-Ing. R. Jaeckel und Dipl.-Phys. F. J. Schittko, Bonn
Gasabgabe von Werkstoffen ins Vakuum
1957, 48 Seiten, 20 Abb., 6 Tab., DM 13,30

HEFT 370
Dr. phil. habil. F. Schwarz, Köln
Physikochemische Grundlagen der Bildsamkeit von Kalken unter Einbeziehung des Begriffes der aktiven Oberfläche
in Vorbereitung

HEFT 371
Dr. phil. W. Lejeune, Köln
Beitrag zur statistischen Verifikation der Minderheiten-Theorie
in Vorbereitung

HEFT 372
Prof. Dr. phil. M. von Stackelberg, Bonn
Untersuchungen zur Ausarbeitung und Verbesserung von polarographischen Analysenmethoden. 2. Bericht
1957, 44 Seiten, 9 Abb., 7 Tab., DM 10,10

HEFT 373
Dipl.-Ing. H. J. Koch, Essen
Druckgasfeuerung — ein Verfahren zum Betrieb von Gasfeuerstätten
1957, 38 Seiten, 8 Abb., 10 Tab., DM 8,50

HEFT 374
Dr. E. Paproth, Krefeld
Paläontologische Bearbeitung der in den devonischen Schichten des Siegerlandes enthaltenen Faunen
1957, 38 Seiten, 3 Tab., DM 8,30

HEFT 375
Technischer Überwachungsverein e. V., Essen
Wanddickenmessungen mittels radioaktiver Strahlen und Zählrohrgerät
in Vorbereitung

HEFT 376
Technischer Überwachungsverein e. V., Essen
Wasserumlaufprobleme an Hochdruckkesseln
in Vorbereitung

HEFT 377
Technischer Überwachungsverein e. V., Essen
Versuche an Wanderrostkesseln mit befeuchteter Verbrennungsluft
in Vorbereitung

HEFT 378
Oberingenieur H. Stein, M.-Gladbach
Beobachtung und maßtechnische Erfassung der Vorgänge im Spinn- und Aufwindefeld von Ringspinn- und Ringzwirnmaschinen
in Vorbereitung

HEFT 379
Laboratorium für textile Meßtechnik, M.-Gladbach
Schußfadenspannung beim Weben
in Vorbereitung

HEFT 380
Dipl.-Phys. R. Trappenberg, Karlsruhe
Theoretische und experimentelle Untersuchungen zur Staubverteilung einer Rauchfahne
in Vorbereitung

HEFT 381
Dr. J. Juilfs, Krefeld
Zur Dichtebestimmung von Fasern. Methoden und Beispiele der praktischen Anwendung
in Vorbereitung

HEFT 382
Dr. phil. habil. P. Hölemann, Ing. R. Hasselmann und Ing. G. Dix, Dortmund
Die Messung von Flammen und Detonationsgeschwindigkeiten bei der explosiven Zersetzung von Acetylen in Rohren
1957, 36 Seiten, 7 Abb., 4 Tab., DM 8,10

HEFT 383
Dr. phil. habil. P. Hölemann und Ing. R. Hasselmann, Dortmund
Verlauf von Azetylenexplosionen in Rohren bei Gegenwart von porösen Massen
in Vorbereitung

HEFT 384
Prof. Dr.-Ing. H. Opitz, Aachen
Schwingungsuntersuchungen an Werkzeugmaschinen
in Vorbereitung

HEFT 385
Prof. Dr.-Ing. H. Opitz, Aachen
Zerspanbarkeit hochwarmfester und nichtrostender Stähle. Teil II
in Vorbereitung

HEFT 386
Prof. Dr.-Ing. H. Opitz, Aachen
Standzeituntersuchungen und Verschleißmessungen mit radioaktiven Isotopen
in Vorbereitung

HEFT 387
Prof. Dr. med. W. Kikuth und Dozent Dr. med. L. Grün, Düsseldorf
Die Verhütung von Infektion durch Desinfektion des Raumes und der Raumluft
in Vorbereitung

HEFT 388
Prof. Dr. rer. nat. habil. W. Baumeister und Dr. rer. nat. H. Burghardt, Münster
Die Bedeutung der Elemente Zink und Fluor für das Pflanzenwachstum
1957, 48 Seiten, 17 Tab. DM 10,20

HEFT 389
Prof. Dr.-Ing. habil. H. Fink und K. W. Hoppenhaus, Köln
Die biologische Eiweiß-Synthese von höheren und niederen Pilzen und die alimentäre Lebernekrose der Ratte
1957, 76 Seiten, 2 Abb., 24 Tab., DM 15,60

HEFT 390
Dr.-Ing. J. Endres und Dr.-Ing. G. Hiebel, München
Berechnung der optimalen Leistungen, Kraftstoffverbräuche und Wirkungsgrade von Luftfahrt-Gasturbinen-Triebwerken am Boden und in der Höhe bei Fluggeschwindigkeiten von 0—2000 km/h und bei vorgegebenen Düsenausströmgeschwindigkeiten
in Vorbereitung

HEFT 391
Prof. Dr. phil. F. Wever, Dr. phil. W. Koch und Dipl.-Chem. F. Stricker, Düsseldorf
Die quantitative spektrographische Analyse von Gasgemischen aus Kohlenmonoxyd, Wasserstoff und Stickstoff
in Vorbereitung

HEFT 392
Prof. Dr. phil. F. Wever u. a., Düsseldorf
Untersuchungen über den Konverterrauch im Hinblick auf die spektrale Überwachung des Thomasprozesses
in Vorbereitung

HEFT 393
Dr.-Ing. O. Viertel und S. Brückner-Lucas, Krefeld
Arbeitszeitstudien an Haushaltwaschmaschinen
in Vorbereitung

HEFT 394
Privatdozent Dr. med. W. Koch, Münster
Die Ablagerung radioaktiver Substanzen im Knochen
in Vorbereitung

HEFT 395
Dipl.-Ing. L. Hahn, Clausthal-Zellerfeld
Untersuchungen zur Frage des optimalen Bohrloch- und Patronendurchmessers
in Vorbereitung

HEFT 396
Prof. Dr.-Ing. F. Schultz-Grunow, Dr.-Ing. A. Jogerich, Essen, Dipl.-Ing. H. Meyer, cand. ing. P. Sand, Aachen
Untersuchungen des Luftwiderstandes von Güterwagen
in Vorbereitung

HEFT 397
Techn.-Wissenschaftliches Büro für die Bastfaserindustrie, Bielefeld
Ungleichmäßigkeiten in Bändern von Bastfaserkarden, ihre Ursachen und Auswirkungen
1957, 60 Seiten, 18 Abb., 1 Tab., DM 14,80

HEFT 398
Prof. Dr. habil. H. E. Schwiete, Aachen, u. a.
Einlagerungsversuche an synthetischen Mullit I. — Die Zusammensetzung der Schmelzphase in Schamottesteinen I
in Vorbereitung

HEFT 399
Prof. Dr. habil. H. E. Schwiete und Dr.-Ing. R. Vinkeloe, Aachen
Möglichkeiten der quantitativen Mineralanalyse mit dem Zählrohrgerät unter besonderer Berücksichtigung der Mineralgehaltsbestimmung von Tonen
in Vorbereitung

HEFT 400
Prof. Dr. phil. W. Fuchs und Dipl.-Chem. H. Weyerstrass, Aachen
Entwicklung eines Heißfilters zur Reinigung von Gichtgas eines mit Kohle betriebenen Niederschachtofens
in Vorbereitung

HEFT 401
Prof. Dr.-Ing. M. Lipp und Dipl.-Chem. G. Frielingsdorf, Aachen
Darstellung reaktionsfähiger Verbindungen des Camphansystems und Versuche zu deren Fluorierung
1957, 84 Seiten, DM 17,—

HEFT 402
Prof. Dr. W. Linke, Aachen
Die Wärmeübertragung durch Thermopane-Fenster
in Vorbereitung

HEFT 403
Prof. Dr.-Ing. P. Denzel und Dipl.-Ing. W. Cremer, Aachen
Verbesserung der Benutzungsdauer der Höchstlast in ländlichen Netzen durch Anwendung elektrischer Geräte in der Landwirtschaft
in Vorbereitung

HEFT 404
Prof. Dr. R. Jaeckel und Dipl.-Phys. F. Gross, Bonn
Die Löslichkeit von Gasen in schwerflüchtigen organischen Flüssigkeiten
1957, 46 Seiten, 17 Abb., 1 Tab., DM 11,50

HEFT 405
Prof. Dr.-Ing. H. Opitz und Dipl.-Ing. H. Schuler, Aachen
Untersuchungen für einen Wirtschaftlichkeitsvergleich der Feinbearbeitungsverfahren
in Vorbereitung

HEFT 406
W. Kirsch, Remscheid
Entwicklungsarbeiten auf dem Gebiete des Korrosionsschutzes
1957, 86 Seiten, 28 Abb., 11 Tabellen, DM 19,—

HEFT 407
Prof. Dr.-Ing. H. Schenk, Aachen, und Dr.-Ing. W. Wenzel, Bad Godesberg
Entwicklungsarbeiten auf dem Gebiete der Verhüttung von Erzstaub in Schmelzkammern
1957, 82 Seiten, 9 Abb., 18 Tabellen, DM 17,10

HEFT 408
Prof. Dr. phil. F. Wever, Dr.-Ing. W. Lueg und Dr.-Ing. H. G. Müller, Düsseldorf
Kraft- und Arbeitsbedarf beim Warmscheren von Stahl in Abhängigkeit von Temperatur und Schnittgeschwindigkeit
in Vorbereitung

WESTDEUTSCHER VERLAG · KÖLN UND OPLADEN

HEFT 409
Prof. Dr. phil. F. Wever, Dr. phil. W. Koch, Dr. rer. nat. Ch. Ilschner-Gensch und Dipl.-Phys. H. Rohde, Düsseldorf
Das Auftreten eines kubischen Nitrids in aluminiumlegierten Stählen
1957, 38 Seiten, 12 Abb., 3 Tabellen, DM 10,10

HEFT 410
Prof. Dr. phil. F. Wever, Prof. Dr. rer. techn. A. Kochendörfer, Dr. phil. nat. M. Hempel, Düsseldorf und Dipl.-Phys. E. Hillenhagen, Köln
Biegewechselversuche mit Flachproben aus Alpha-Eisen-Einkristallen zur Bestimmung der Wechselfestigkeit und der Gleitspuren
in Vorbereitung

HEFT 411
Prof. Dr. W. Halbsguth und Dr. L. Sommer, Frankfurt/M.
Grundlegende Versuche zur Keimungsphysiologie von Pilzsporen
in Vorbereitung

HEFT 412
Prof. Dr.-Ing. H. Opitz, Aachen
Kennwerte und Leistungsbedarf für Werkzeugmaschinengetriebe
in Vorbereitung

HEFT 413
Prof. Dr.-Ing. H. Opitz, Aachen
Richtwerte für das Fräsen von unlegierten und legierten Baustählen mit Hartmetall, Teil II
in Vorbereitung

HEFT 414
Dr. med. H. K. Parchwitz und Dr. med. C. Winkler, Bonn
Speicherung organischer Farbstoffe und künstlich radioaktiver Substanzen in Geschwülsten
in Vorbereitung

HEFT 415
Prof. Dr.-Ing. W. Paul, Dr. rer. nat. O. Osberghaus und Dipl.-Phys. E. Fischer, Bonn
Ein Ionenkäfig
in Vorbereitung

HEFT 416
Oberreg.-Gewerberat Dipl.-Ing. G. Steinicke, Hamburg
Die Wirkung von Lärm auf den Schlaf des Menschen
1957, 46 Seiten, 14 Abb., 8 Tab., DM 11,60

HEFT 417
Prof. Dr.-Ing. habil. E. Rößger, Berlin
I. Teil: Die Entwicklung des Weltluftverkehrs, Ergänzungsbericht 1954
II. Teil: Die zivile Luftfahrtpolitik der USA
1957, 230 Seiten, 6 Abb., 83 Tab., DM 48,—

HEFT 418
O. Gdaniec, Mülheim/Ruhr
Über die Randlochkarte als Hilfsmittel in der Dokumentation
1957, 44 Seiten, 15 Abb., 8 Tab., DM 10,10

HEFT 419
K. Brooks
Die Messungen der Reflexionseigenschaften künstlicher und natürlicher Materialien mit quasi-optischen Methoden bei Mikrowellen
in Vorbereitung

HEFT 420
M. Vogel
Das Spektralgebiet zwischen dem langwelligen Ultrarot und Mikrowellen
1957, 66 Seiten, 2 Abb., DM 13,50

HEFT 421
ORR Dipl.-Volkswirt Dr. H. Rogmann, Düsseldorf
Die Erforschung der Verkehrskonjunktur und der langzeitigen Dynamik in der Verkehrswirtschaft (Zusammenfassung der eingegangenen Stellungnahmen und Vorschläge)
1957, 168 Seiten, 3 Tab., DM 26,60

HEFT 422
Prof. Dr.-Ing. K. Leist und Dipl.-Ing. W. Dettmering, Aachen
Prüfstände zur Messung der Druckverteilung an rotierenden Schaufeln
in Vorbereitung

HEFT 423
Prof. Dr.-Ing. K. Leist und Dr.-Ing. O. Thun, Aachen
Strömungsmessungen über Brennkammer-Wirkungsgrade
in Vorbereitung

HEFT 424
Prof. Dr.-Ing. K. Leist und Dipl.-Ing. I. Weber, Aachen
Spannungsoptische Untersuchungen von rotierenden Scheiben mit exzentrischen Bohrungen
in Vorbereitung

HEFT 425
Dipl.-Ing. H. Lübke, Hamburg
Gasturbinen und Strahlantriebe für Hubschrauber
in Vorbereitung

HEFT 426
Prof. Dr.-Ing. H. Opitz und Dipl.-Ing. W. Scholz, Aachen
Untersuchungen über den Räumvorgang
1957, 74 Seiten, 36 Abb., 7 Tab., DM 16,55

HEFT 427
Dr.-Ing. J. Endres, München
Kinematische Untersuchung eines Zweitakt-Hochleistungs-Dieseltriebwerks mit achsparallelen Zylindern und gegenläufigen Kolben
in Vorbereitung

HEFT 428
Dr.-Ing. J. Endres, München
Untersuchung der Beschleunigungsverhältnisse eines Zweitakt-Hochleistungs-Dieseltriebwerks mit achsparallelen Zylindern und gegenläufigen Kolben
in Vorbereitung

HEFT 429
Prof. Dr. O. Kuhn, Köln
Selektive Wirkung verschiedener Stoffgruppen auf tierische Gewebe
1957, 54 Seiten, 32 Abb., DM 13,15

HEFT 430
Prof. Dr. G. Garbotz, Aachen und Dr.-Ing. G. Dress, Cadiz
Untersuchungen über das Kräftespiel an Flachbagger-Schneidwerkzeugen in Mittelsand und schwach bindigem, sandigem Schluff unter besonderer Berücksichtigung der Planierschilde und ebenen Schürfkübelschneiden
in Vorbereitung

HEFT 431
Prof. Dr.-Ing. H. Winterhager, Dr.-Ing. R. Kammel und Dipl.-Ing. W. Barthel, Aachen
Fortschritte auf dem Gebiet der Titanmetallurgie 1950—1955
in Vorbereitung

HEFT 432
Dipl.-Phys. R. Werz, Bonn
Die Entwicklung einer Synchrozyklotron-Ionenquelle
in Vorbereitung

HEFT 433
Dr.-Ing. G. Satlow, Aachen
Über einige physikalische und chemische Eigenschaften der Wolle von der gewaschenen Wolle bis zum Kammzug
1957, 72 Seiten, 15 Abb., 19 Tab., DM 15,25

HEFT 434
Dipl.-Ing. W. Rohs und Dr. J. Geurten, Bielefeld
Schlichten für Baumwollgarne

HEFT 435
Dipl.-Ing. W. Rohs und Dipl.-Ing. L. Steinmetz, Bielefeld
Die Masseungleichmäßigkeit von Flachstreckenbändern in Abhängigkeit von Verzug und Dopplung

HEFT 436
Priv.-Doz. Dr. habil. J. Juilfs, Krefeld
Zur Bestimmung der Reißlast (Zugfestigkeit) von Fasern, Fäden und Garnen
in Vorbereitung

HEFT 437
Prof. Dr. G. Schmölders und Dr. I. Meyer, Köln
Geldwertbewußtsein und Münzpolitik. — Das sogenannte Gresham'sche Gesetz im Lichte der ökonomischen Verhaltensforschung
1957, 92 Seiten, DM 20,30

HEFT 438
Prof. Dr.-Ing. H. Winterhager und Dr.-Ing. L. Werner, Aachen
Bestimmung des elektrischen Leitvermögens geschmolzener Fluoride
1957, 52 Seiten, 18 Abb., 10 Tab., DM 11,90

HEFT 439
Prof. Dr. phil. H. Lange, Köln und Dr. rer. nat. R. Kohlhaas, Neuß/Rh.
Anwendung der thermomagnetischen Analyse zum Studium des Umwandlungsverhaltens von Eisenwerkstoffen im Temperaturbereich von —150°C bis +150°C
in Vorbereitung

HEFT 440
Dr.-Ing. H. Wolf, Aachen
Gekoppelte Hochfrequenzleitungen als Richtkoppler
in Vorbereitung

HEFT 441
Dr. phil. habil. P. Hölemann und Ing. R. Hasselmann, Düsseldorf
Messung des Temperatur- und Druckverlaufes beim Füllen und Entspannen von Dissousgas
1957, 52 Seiten, 6 Abb., 7 Tab., DM 11,25

HEFT 442
Dipl.-Ing. W. Rohs, Text.-Ing. Griese und Text.-Ing. W. Lauer, Bielefeld
Die Auswirkungen der Trocknungsart naßgesponnener Leinengarne auf deren Verarbeitungswirkungsgrad sowie auf die Festigkeits- und Dehnungseigenschaften der Garne und Gewebe
1957, 28 Seiten, 2 Abb., 3 Tab., DM 6,50

HEFT 443
Prof. Dr. phil. W. Weizel und K. Kluth, Bonn
Über die Struktur der positiven Gleitentladungen
in Vorbereitung

HEFT 444
Dr.-Ing. W. Wilhelm, Aachen
Einfluß der Saugrohrabmessung, der Einlaßsteuerlage und der Größe des Kurbelkastenvolumens auf den Ladungswechsel eines Einzylinder-Zweitakt-Dieselmotors
in Vorbereitung

HEFT 445
Dr.-Ing. E. Barz, Remscheid
Fertigungs- und Prüfverfahren für Feilen
vergriffen

HEFT 446
Dr. med. G. Schäfer
Glutationsstoffwechsel und Sauerstoffmangel
1957, 28 Seiten, 5 Tab., DM 6,40

HEFT 447
Prof. Dr.-Ing. F. Bollenrath, Aachen, Dr.-Ing. H. Füllenbach, Seesen/Harz und Dipl.-Ing. J. Schumacher, Neubeckum/Westf.
Entwicklung rationell arbeitender Spritzkabinen
in Vorbereitung

HEFT 448
Dr. med. C. Winkler, Bonn
Ein Koinzidenz-Szintillometer zum Zwecke der Schilddrüsenfunktionsdiagnostik und der Tumordiagnostik
in Vorbereitung

HEFT 449
Priv.-Doz. Oberbaurat Dr.-Ing. W. Meyer zur Capellen und Mitarbeiter, Aachen
Bewegungsverhältnisse an der geschränkten Schubkurbel
in Vorbereitung

HEFT 450
Prof. Dr.-Ing. W. Paul, Bonn und Dipl.-Phys. H. P. Reinhard, M.-Gladbach
Das elektrische Massenfilter als Isotopentrenner
in Vorbereitung

HEFT 451
Prof. Dr. G. Schmölders, Köln
Rationalisierung und Steuersystem
in Vorbereitung

HEFT 452
Prof. Dr. rer. nat. W. Weltzien und Dr. phil. K. Windeck, Krefeld
Veränderungen an Fasern bei der Bleiche mit Natriumchlorid und über einige Vergilbungserscheinungen
in Vorbereitung

HEFT 453
Forschungsinstitut der Feuerfest-Industrie, Bonn
Die Arbeiten der technisch-wissenschaftlichen Kommission der PRE (Vereinigung der europäischen Feuerfest-Industrie)
in Vorbereitung

HEFT 454
Dr.-Ing. W. Piepenburg, Dipl.-Ing. B. Bühling und Bauing. J. Behnke, Köln
Haftfestigkeit der Putzmörtel
in Vorbereitung

WESTDEUTSCHER VERLAG · KÖLN UND OPLADEN

HEFT 455
Dr.-Ing. W. A. Fischer, Dr.-Ing. H. Treppschuh und Dipl.-Phys. K. H. Köthemann, Düsseldorf
Erschmelzung von Reinsteisen nach dem Kohlenstoffproduktionsverfahren und Kerbschlagzähigkeit-Temperatur-Kurven dieses Eisens
in Vorbereitung

HEFT 456
Priv.-Doz. Dir. Dr.-Ing. K. Bungardt, Essen
Zeitstandversuche an austenitischen Stählen und Legierungen
in Vorbereitung

HEFT 457
Prof. Dr. phil. F. Wever, Düsseldorf und Dr. phil. W. Wepner, Köln
Dämpfungsmessungen an schwach gereckten Eisen-Kohlenstoff-Legierungen
1957, 34 Seiten, 7 Abb., 3 Tab., DM 8,40

HEFT 458
Prof. Dr.-Ing. H. Schenck und Dr.-Ing. E. Schmidtmann, Aachen
Das Frischen von Thomas-Roheisen mit Sauerstoff-Wasserdampf-Gemischen und die Eigenschaften der damit erblasenen Stähle
in Vorbereitung

HEFT 459
Prof. Dr. phil. F. Wever, Dr. phil. O. Krisement und Hanna Schädler, Düsseldorf
Ein isothermes Mikrokalorimeter zur kinetischen Messung von Umwandlungs- und Ausscheidungsvorgängen in Legierungen
in Vorbereitung

HEFT 460
Prof. Dr. phil. F. Wever und Dr. rer. nat. B. Ilschner, Düsseldorf
Ein isothermes Lösungskalorimeter zur Bestimmung thermo-dynamischer Zustandsgrößen von Legierungen
in Vorbereitung

HEFT 461
Prof. Dr.-Ing. habil. E. Piwowarski †, Prof. Dr.-Ing. W. Patterson und Dipl.-Ing. F. W. Iske, Aachen
Verbesserung der Zähigkeitseigenschaften von Bessemer-Stahlguß
in Vorbereitung

HEFT 462
Prof. Dr. rer. nat. J. Weissinger
Zur Aerodynamik des Ringflügels — II. Die Ruderwirkung
Zur Aerodynamik des Ringflügels — III. Der Einfluß der Profildicken
in Vorbereitung

HEFT 463
Dipl.-Ing. G. Plüss, Essen-Steele
Die Aufteilung der verbrennlichen Bestandteile in Verbrennungsgasen auf CO und H_2 bei Verbrennung mit Luftunterschuß und bei Luftüberschuß und künstlicher Flammenkühlung
in Vorbereitung

HEFT 464
Dr. phil. habil. P. Hölemann und Ing. R. Hasselmann, Dortmund
Die Möglichkeit der Zündung von Acetylen in Rohrleitungen beim Ausblasen mit Stickstoff
in Vorbereitung

HEFT 465
Dr.-Ing. R. Koch, Köln
Amerikanische Fertigungsunterlagen und ihre Werkstattreifmachung für deutsche Betriebe
in Vorbereitung

HEFT 466
Prof. Dr.-Ing. J. Mathieu, Aachen
Überbetrieblicher Verfahrensvergleich
in Vorbereitung

HEFT 467
Prof. Dr. Dr. h. c. E. Klenk und Dr. phil. H. Faillard, Köln
Neue Erkenntnisse über den Mechanismus der Zellinfektion durch Influenzavirus
Die Bedeutung der Neuraminsäure als Zellreceptor für das Influenzavirus
in Vorbereitung

HEFT 468
Prof. Dr. med. Dr. med. dent. G. Korkhaus und Dr. med. R. Alfter, Bonn
Die Vakuumwurzelbehandlung
in Vorbereitung

HEFT 469
Dr. sc. agr. F. Riemann und Dipl.-Volksw. R. Hengstenberg, Göttingen
Zur Industrialisierung kleinbäuerlicher Räume
1957, 130 Seiten, 5 Karten, 23 Tab., DM 27,—

HEFT 470
O. Wehrmann
Hitzdrahtmessungen in einer aufgespaltenen Kármánschen Wirbelstraße
1957, 42 Seiten, 14 Abb., 4 Tab., DM 10,90

HEFT 471
Prof. Dr. phil. habil. A. Naumann, Dr.-Ing. A. Heyser und Prof. Dr. Dipl.-Ing. W. Trommsdorf, Aachen
Der Überdruck-Windkanal in Aachen
in Vorbereitung

HEFT 472
Dipl.-Ing. A. Freitag, Essen-Steele
Verhalten von Katalytstrahlern bei Betrieb mit Luftvormischung zum Gas und der Verbrennung von Luft gegen eine Gasatmosphäre
in Vorbereitung

HEFT 473
Prof. Dr. phil. F. Wever, Dr.-Ing. W. Lueg und Dipl.-Ing. P. Funke jr. Düsseldorf
Versuche an einer hydraulischen 25 t-Stangenziehbank
in Vorbereitung

HEFT 474
Dr.-Ing. R. Ibing und Dipl.-Ing. G. Meier, Hannover
Eichung und Entwicklung von Staubentnahmesonden
in Vorbereitung

HEFT 475
Prof. Dipl.-Ing. W. Sturtzel, Obering. Helm und Dipl.-Ing. Heuser, Duisburg
Systematische Ruderversuche mit einem Schleppkahn und einem Binnenselbstfahrer vom Typ „Gustav Koenigs"
in Vorbereitung

HEFT 476
Prof. Dipl.-Ing. W. Sturtzel und Dipl.-Ing. Schmidt-Stiebitz, Duisburg
Einfluß der Hinterschiffsform auf das Manövrieren von Schiffen auf flachem Wasser
in Vorbereitung

HEFT 477
Dr. K. Utermann, Dortmund
Freizeitprobleme bei der männlichen Jugend einer Zechengemeinde
in Vorbereitung

HEFT 478
Prof. Dr.-Ing. habil. W. Petersen und Dr.-Ing. S. Wawroschek, Aachen
Brikettierungsversuche zur Erzeugung von Möllerbriketts unter Verwendung von Braunkohle
in Vorbereitung

HEFT 479
Prof. Dr.-Ing. W. Wegener, Aachen und Dipl.-Ing. H. Fourné, Bochum
Ursachen des Überschreitens der Toleranzgrenze nach oben oder unten (Meter pro Gramm) an der Strecke
in Vorbereitung

HEFT 480
Dr. phil. K. Brücker-Steinkuhl, Düsseldorf
Anwendung mathematisch-statistischer Verfahren bei der Fabrikationsüberwachung
in Vorbereitung

HEFT 481
Oberbaurat Dr.-Ing. W. Meyer zur Capellen, Aachen
Fünf- und sechspunktige Geradführung in Sonderlagen des ebenen Gelenkvierecks
in Vorbereitung

HEFT 482
Dipl.-Ing. R. Pels-Leusden und Dr. K. Bergmann, Essen
Die Frostbeständigkeit von Ziegeln; Einflüsse der Materialzusammensetzung und des Brandes
in Vorbereitung

HEFT 483
Prof. Dr.-Ing. habil. F. A. F. Schmidt, Aachen
Gemischbildungs-, Selbstzündungs- und Verbrennungsvorgänge als Grundlage für Entwicklungsarbeiten an Gasturbinenbrennkammern
in Vorbereitung

HEFT 484
Prof. Dr. habil. H. E. Schwiete und Dr. G. Schwiete, Aachen
Beitrag zur Struktur des Montmorillonit
in Vorbereitung

HEFT 485
Prof. Dr. phil. E. Jenckel, Aachen, Dr. H. Wilsing, Dormagen, Dr. H. Dörffurt, Wesseling/Bez. Köln und Dipl.-Phys. H. Rinkens, Eschweiler
Kristallisation und Hochpolymeren
in Vorbereitung

HEFT 486
Doz. Dr. med. E. Lerche und Dr. med. J. Schulze, Aachen
Hörermüdung und Adaptation im Tierexperiment
in Vorbereitung

HEFT 487
Prof. Dipl.-Ing. W. Blume, Duisburg
Festigkeitseigenschaften kombinierter Leichtbaustoffe im Hinblick auf die Verkehrstechnik, insbesondere des Flugzeugbaus
in Vorbereitung

HEFT 488
Prof. Dr. habil. H. E. Schwiete und Dipl.-Chem. H. Westmark
Beitrag zur Kennzeichnung der Texturen von Schamottesteinen
in Vorbereitung

HEFT 489
Dipl.-Math. K. H. Müller
Strenge Lösungen der Navier-Stokes-Gleichung für rotationssymmetrische Strömungen
in Vorbereitung

HEFT 490
Hauptstelle für Staub- und Silikosebekämpfung des Steinkohlenbergbauvereins, Essen-Rüttenscheid
Zur Staub- und Silikosebekämpfung im Steinkohlenbergbau
in Vorbereitung

HEFT 491
Prof. Dr. Fr. Lotze und K. Kötter, Münster
Chloridgehalte des oberen Emsgebietes und ihre Beziehungen zur Hydrogeologie
in Vorbereitung

HEFT 492
Prof.-Dr. phil. J. Meixner und B. Manz, Aachen
Zur Theorie der irreversiblen Prozesse in α-Eisen
in Vorbereitung

HEFT 493
Prof. Dr. phil. habil. A. Naumann und Dipl.-Ing. H. Pfeiffer, Aachen
Versuche an Wirbelstraßen hinter Zylindern bei hohen Geschwindigkeiten
in Vorbereitung

HEFT 494
Dipl.-Ing. W. Rohs und Text.-Ing. Griese, Bielefeld
Entwicklung und Erprobung eines verbesserten elektrischen Kettfadenwächtergeschirrs für die Leinen- und Halbleinenweberei
in Vorbereitung

HEFT 495
Prof. Dr. phil. E. Asmus und Dr. rer. nat. H.-F. Kurandt, Berlin
Einige analytische Anwendungen der Zincke-Königschen Reaktion
in Vorbereitung

HEFT 496
Dipl.-Chem. P. Vogel, Krefeld
Färberische Eigenschaften von zur Herstellung von Verdickungen in der Stoffdruckerei bestimmten Sorten
in Vorbereitung

HEFT 497
Oberarzt Dr. med. G. Mußgnug, Bottrop
Die Knochenveränderungen und der Knochenstoffwechsel beim Sudeck-Syndrom
in Vorbereitung

HEFT 498
Prof. Dr.-Ing. H. Zahn und Dr. rer. nat. W. Gerstner, Aachen
Herstellung säurefester technischer Gewebe
in Vorbereitung

HEFT 499
Priv.-Doz. Dr. J. Juilfs, Krefeld
Die Bestimmung des Wasserrückhaltevermögens (bzw. des Quellwertes) von Fasern
in Vorbereitung

WESTDEUTSCHER VERLAG · KÖLN UND OPLADEN

HEFT 500
Priv.-Doz. Dr. J. Juilfs, Krefeld
Vergleichende Untersuchungen am Schopper-Scheuerprüfgerät
in Vorbereitung

HEFT 501
Dipl.-Ing. W. Rohs und Dr. J. Geurten, Bielefeld
Untersuchungen in der Leinengarnbleiche
in Vorbereitung

HEFT 502
Prof. Dr. M. Diem und Dr. R. Trappenberg, Karlsruhe
Berechnung der Ausbreitung von Staub und Gas
1957, 30 Seiten, Anhang 67 Diagramme, DM 37,30

HEFT 503
Prof. Dr. W. Weizel und Dr. rer. nat. J. Faßbender, Bonn
Untersuchungen über die Eigenschaften von Cadmiumsulfid-Sandwich-Zellen
in Vorbereitung

HEFT 504
Prof. Dr. phil. F. Wever, Dr. phil. W. Wink und Dr. rer. nat. W. Jellinghaus, Düsseldorf
Versuchsanordnung zur Messung der Suszeptibilität paramagnetischer Stoffe und Meßergebnisse an Nickel-Chrom- und Kobalt-Nickel-Chrom-Werkstoffen
in Vorbereitung

HEFT 505
Prof. Dr.-Ing. F. A. F. Schmidt und Dipl.-Ing. H. Heitland, Aachen
Einfluß des Selbstzündungsverhaltens der Kraftstoffe auf den Verbrennungsablauf, Wirkungsgrad und Druckverlust von Hochleistungsbrennkammern
in Vorbereitung

HEFT 506
Prof. Dr.-Ing. W. Meyer zur Capellen, Aachen
Der Flächeninhalt von Koppelkurven. — Ein Beitrag zu ihrem Formenwandel
in Vorbereitung

HEFT 507
Prof. Dr. H. Kaiser, Dr. G. Bergmann und Dr. G. Gresze, Dortmund
Kartei zur Dokumentation in der Molekülspektroskopie
in Vorbereitung

HEFT 508
Dr. H. Schmidt-Ries, Krefeld
Limnologische Untersuchungen des Rheinstromes I
(Hydrobiologische und physiographische Untersuchungen
in Vorbereitung

HEFT 509
Dr. Schmidt-Ries, Krefeld
Limnologische Untersuchungen des Rheinstromes I
(Tabellenwerk)
in Vorbereitung

HEFT 510
Prof. Dr. rer. nat. W. Groth und Dr.-Ing. K. Bayerle, Bonn
Anreicherung der Uranisotope nach dem Gaszentrifugenverfahren
in Vorbereitung

HEFT 511
H. Wahl, G. Kantenwein und W. Schäfer, Essen
Gesteinsbohr-Modellversuche zur Frage des Drehbohrens, Schlagbohrens und Drehschlagbohrens
in Vorbereitung

HEFT 512
Prof. Dr. H. Strassl, Bonn
Azimut-Monogramme für alle Stundenwinkel und Deklinationen im Bereich der geographischen Breiten von —80° bis +80°
in Vorbereitung

HEFT 513
Prof. Dr. W. Schmitz und Dr. rer. F. Schmitt, Mülheim/Ruhr
Die Verwendung des Magnetbandgerätes zur Speicherung des Kurvenverlaufs elektrischer Ströme
in Vorbereitung

HEFT 514
Dr. rer. nat. M.-E. Meffert, Essen
Die Kultur von Scenedesmus obliquus in Abwasser
in Vorbereitung

HEFT 515
Prof. Dr. habil. H. E. Schwiete und Dr.-Ing. Chr. Hummel, Aachen
Thermochemische Untersuchungen im System SiO_2 und Na_2O-SiO_2
in Vorbereitung

HEFT 516
Prof. Dr.-Ing. H. Müller, Dipl.-Ing. F. Reinke und Dipl.-Ing. W. Sorgenicht, Essen
Gesamtstrahlungsmessungen der Temperaturstrahlung
in Vorbereitung

HEFT 517
Prof. Dr. med. G. Lehmann und Dr. med. J. Meyer-Delius, Dortmund
Gefäßreaktionen der Körperperipherie bei Schalleinwirkung
in Vorbereitung

HEFT 518
Dr.-Ing. H. Scheffler, Dortmund
Funktionelle Zusammenhänge der dynamischen Einflußgrößen beim handgeführten Druckluft-Abbauhammer und ihre Berücksichtigung für die Konstruktion rückstoßarmer Hämmer
in Vorbereitung

HEFT 519
Dr. phil. F. Wever, Dr. phil. W. Koch und Dr. phil. S. Eckhard, Düsseldorf
Die spektrographische Bestimmung der Spurenelemente in Stahl ohne vorherige Abbrennung
in Vorbereitung

HEFT 520
Prof. Dr.-Ing. H. Opitz, Dipl.-Ing. H. Obrig und Dipl.-Ing. P. Kips, Aachen
Untersuchung neuartiger elektrischer Bearbeitungsverfahren
in Vorbereitung

HEFT 521
Prof. Dr.-Ing. H. Opitz und Dipl.-Ing. K. E. Schwartz, Aachen
Das Abrichten von Schleifscheiben mit Diamanten
in Vorbereitung

HEFT 522
J. Lorentz und K. Brocks
Elektrische Meßverfahren in der Geodäsie
in Vorbereitung

HEFT 523
K. Eberts
Entwicklungen einiger Meßverfahren und einer Frequenz- und amplitudenstabilisierten Meßeinrichtung zur gleichzeitigen Bestimmung der komplexen Dielektrizitäts- und Permeabilitätskonstante von festen und flüssigen Materialien im rechteckigen Hohlleiter und im freien Raum bei Frequenzen von 9200 und 33000 MHz
in Vorbereitung

HEFT 524
Dr. rer. nat. S. Lockau, Emlichheim
Versuche zur Gewinnung von Kartoffeleiweiß
in Vorbereitung

HEFT 525
Prof. Dr. Dr. h.c. H. P. Kaufmann und Dr. F. Weghorst, Münster
Beiträge zur Chemie und Technologie der Fetthärtung I

HEFT 526
Dr. phil. habil. P. Hölemann und Ing. R. Hasselmann, Dortmund
Einfluß der Oberflächenbeschaffenheit der Wandung auf den Ablauf von Azetylenexplosionen
in Vorbereitung

HEFT 527
Dr. rer. nat. K. G. Müller, Hanau/W.
Wärmeübertragung auf eine Flugstaubströmung im senkrechten Rohr sowie auf eine durchströmte Schüttgutschicht
in Vorbereitung

HEFT 528
Dr. P. Ney und Dr. F. Schwarz, Köln
Physikochemische Grundlagen der Bildsamkeit von Kalken unter Einbeziehung des Begriffs der aktiven Oberfläche
Kristallchemische Betrachtung der Bildsamkeit
in Vorbereitung

HEFT 529
Dr. phil. G. Riedel, Dortmund
Messung und Regelung des Klimazustandes durch eine die Erträglichkeit für den Menschen anzeigende Klimasonde
in Vorbereitung

HEFT 530
Prof. Dr. med. O. Graf, Dortmund
Nervöse Belastung im Betrieb — I. Teil: Nachtarbeit und nervöse Belastung
in Vorbereitung

HEFT 531
Prof. Dr.-Ing. habil. K. Krekeler, Dipl.-Ing. H. Verhoeven und Dipl.-Ing. H. Ernenputsch, Aachen
Autogenes Entspannen bei niedrigen Temperaturen
in Vorbereitung

HEFT 532
Prof. Dr.-Ing. habil. K. Krekeler, Dipl.-Ing. H. Verhoeven und Dipl.-Ing. W. Krieweth, Aachen
Schutzgasschweißen mit kontinuierlich abschmelzender Elektrode von niedriglegierten Kohlenstoffstählen
(Sigma-Schweißen)
in Vorbereitung

WESTDEUTSCHER VERLAG · KÖLN UND OPLADEN

If you have any concerns about our products,
you can contact us on
ProductSafety@springernature.com

In case Publisher is established outside the EU,
the EU authorized representative is:
Springer Nature Customer Service Center GmbH
Europaplatz 3, 69115 Heidelberg, Germany

Printed by Libri Plureos GmbH
in Hamburg, Germany